当代中国科普精品书系《航天》丛书

火星漫步

编著◎周　武　陈彩连

广西人民出版社

图书在版编目（CIP）数据

火星漫步 / 周武, 陈彩连编著 . -- 南宁: 广西人民出版社, 2011.11
（航天）
ISBN 978-7-219-07629-3

Ⅰ.①火… Ⅱ.①周… ②陈… Ⅲ.①火星 – 普及读物 Ⅳ.① P185.3-49

中国版本图书馆 CIP 数据核字（2011）第 221711 号

出版发行：广西人民出版社
地　　址：广西南宁市桂春路 6 号
邮　　编：530028
网　　址：http://www.gxpph.cn
电　　话：0771-5523358
传　　真：0771-5523579
印　　刷：柳州五菱新事业发展有限责任公司印刷厂
规　　格：787mm × 1092mm　1/16
印　　张：12.25
字　　数：245 千字
版　　次：2011 年 11 月第 1 版
印　　次：2011 年 11 月第 1 次印刷

ISBN 978-7-219-07629-3/P·6
定　　价：45.00 元

《航天》丛书编委会

顾　　　　问：王礼恒　庄逢甘　梁思礼　张履谦

编委会主任：周晓飞

编委会副主任：田如森　麦亚强　华盛海

编　　　　委：刘竹生　尚　志　邸乃庸　李龙臣　刘登锐　杨利伟

李厚全　何丽萍　李　敏　梧永红　麦永钢　陆仁韬

主　　　　编：田如森

提供图片资料：

秦宪安　南　勇　田　峰　史宗田　孙宏金　邸乃庸

吴国兴　孙欣荣　赵文生　李博文　田　奕　张贵玲

总 序

刘嘉麒

　　以胡锦涛为总书记的党中央提出科学发展观,以人为本,建设和谐社会的治国方略,是对建设有中国特色社会主义国家理论的又一创新和发展。实践这一大政方针是长期而艰巨的历史重任,其根本举措是普及教育,普及科学,提高全民的科学文化素质,这是强国福民的百年大计,千年大计。

　　为深入贯彻科学发展观和科学技术普及法,提高全民的科学文化素质,中国科普作家协会以繁荣科普创作为己任,发扬茅以升、高士其、董纯才、温济泽、叶至善等老一辈科普大师的优良传统和创作精神,团结全国科普作家和科普工作者,充分发挥人才与智力资源优势,采取科普作家与科学家相结合的途径,努力为全民创作出更多更好高水平无污染的精神食粮。在中国科协领导的支持下,众多科普作家和科学家经过一年多的精心策划,确定编撰《当代中国科普精品书系》。这套丛书坚持原创,推陈出新,力求反映当代科学发展的最新气息,传播科学知识,提高科学素养,弘扬科学精神和倡导科学道德,具有明显的时代感和人文色彩。书系由13套丛书构成,共120余册,达2000余万字。内容涵盖自然科学的方方面面,既包括《航天》、《军事科技》、《迈向现代农业》等有关航天、航空、军事、农业等方面的高科技丛书;也有《应对自然灾害》、《紧急救援》、《再难见到的动物》等涉及自然灾害及应急办法、生态平衡及保护措施;还有《奇妙的大自然》、《山石水土文化》等系列读本;《读古诗学科学》让你从诗情画意中感受科学的内涵和中华民族文化的博大精深;《科学乐翻天——十万个为什么创新版》则以轻松、幽默、赋予情趣的方式,讲述和传播科学知识,倡导科学思维、创新思维,提高少年儿童的综合素质和科学文化素养,引导少年儿童热爱科学,以科学的眼光观察世界,《孩子们脑中的问号》、《科普童话绘本馆》和《科学幻想之窗》,展示了天真活泼的少年一代对科学的渴望和对周围世界的异想天开,是启蒙科学的生动画卷;《老年人十万个怎么办》丛书以科学的思想、方法、精神、知识答疑解难,祝福老年人老有所乐、老有所为、老有所学、老有所养。

　　科学是奥妙的,科学是美好的,万物皆有道,科学最重要。一个人对社会的贡献大小,很大程度上取决于对科学技术掌握运用的程度;一个国家、一个民族的先进与落后,很大程度上取决于科学技术的发展程度。科学技术是第一生产力这是颠扑不破的真理。哪里的科学技术被人们掌握得越广泛深入,那里的经济、社会就发展得快,文明程度就高。普及和提高,学习与创新,是相辅相成的,没有广袤肥沃的土壤,没有优良的品种,哪有禾苗茁壮成长? 哪能培育出参天大树? 科学普及是建设创新型国家的基础,是培育创新型人才的摇篮,待到全民科学普及时,我们就不用再怕别人欺负,不用再愁没有诺贝尔奖获得者。我希望,我们的《当代中国科普精品书系》就像一片沃土,为滋养勤劳智慧的中华民族,培育聪明奋进的青年一代,提供丰富的营养。

序

田如森

半个世纪以前，自从人类进入太空活动以来，航天科技日新月异，迅速发展。航天科技的进步，使世界发生了巨大变化。航天，已成为一个国家科技进步，综合国力的象征，开启了一个新的时代。

1957年10月，世界上第一颗人造卫星上天运行，开辟了航天的新纪元。1970年4月，中国成功发射第一颗人造卫星，从而跻身于世界航天大国的行列。1961年4月，世界上第一位航天员乘坐宇宙飞船上天遨游，开创了载人航天的新时代。2003年10月，中国神舟五号载人飞船进入太空飞行，实现了中华民族的千年飞天梦想。1969年7月，美国阿波罗11号飞船把航天员送上月球，把空间探索活动推向一个新阶段。2007年11月，中国第一颗月球探测卫星嫦娥一号飞抵月球轨道拍回月球图片，迈出了中国深空探测的第一步。从突破运载火箭技术，到发射人造卫星、空间探测器和载人飞船、空间站、航天飞机等，航天科技攀登上一个又一个高峰。

目前，已有近6000颗不同功能的卫星挂上苍穹，为人类带来巨大的利益；已有近500人乘载人飞船和航天飞机到太空或进入空间站飞行，开创了天上人间的生活；已有近200个空间探测器造访地外星球，探索和揭开宇宙的奥秘。航天活动取得的巨大成就，极大地促进了生产力的发展和社会的进步，对人类生活的各个方面都产生了重大的积极影响。因此，人们也十分关注航天的每一轮新的发射和每一步新的进展。航天，不仅为广大成年人所热议和赞叹，而且更广受青少年的追逐和向往。

航天，已经逐渐为人们所知晓、所了解，但人们对它仍有神秘感，而且也确有一些鲜为人知的情况。《航天》丛书选择航天科技发展中的一些热点问题，分成10册，分别为《宇宙简史》、《走近火箭》、《天河群星》、《神舟巡天》、《到太空去》、《太空医生》、《太空城市》、《奔向月宫》、《火星漫步》、《深空探测》，更加准确、系统地揭示世界航天科技的最新进展和崭新面貌，让广大读者更加清晰地认识航天科技各个领域所取得的成就和发展前景。

浩瀚无垠的太空，正在和将会演绎许多神奇、诱人而造福人类的故事。广大读者会从这些故事中受到启迪，增长知识，吸取力量，创造美好的未来！

前　言

在硕大无比的宇宙中，地球上的我们是否形单影只？人类把目光投向了火星。

火星和地球的距离平均在8000多万千米以上，无论距离，还是环境，它都是与地球最接近的行星。

一个多世纪来，公众便将红色星球——火星想象成外星人可能的家园。火星比地球小一些，半径为地球的53%，体积为地球的15%，质量为地球的11%，表面重力为地球的38%。火星有稀薄的大气，95%是二氧化碳，还有3%的氮，大气密度约为地球大气的1%。火星每24.63小时自转一圈，并在一条椭圆轨道上以25.2°的倾斜角绕太阳公转，周期为687天，因而与地球一样，有四季分明的气候，冬季最低温度为-125℃，夏季最高温度为22℃，平均气温-63℃。这样的自然状态虽然仍不适合人居住，但与月球相比，可说有天壤之别。

自从人类步入太空时代以来，火星已成为除地球之外被人们研究得最多的行星。从1960年代开始已经有6艘探测器在火星表面成功着陆；围绕火星飞行的探测器发回了大量火星表面的照片，让我们拥有详尽的火星地图。灰黄的天空、红色的沙漠以及无数的碎石，这就是火星给我们留下的印象。

虽然目前在火星上还看不到液态水，但迄今探测发现的大量水流痕迹，至少说明火星上曾经有过滔滔大水，而且，科学家们还发现火星两极有大量的冰存在。火星大气中的甲烷标志不断变化，这可能是地下生物圈活动的结果。另外，这些标志的附近地表有大量的硫磺存在，这种矿盐在地球上的温泉中同样可以发现，而有些生命体在温泉这样的环境中也能存活。科学家据此猜测：火星上有生命存在，而且这些生命体很可能都躲藏在火星地表以下的山洞当中，靠着火星地表下的水源生存。

火星一直是航天强国星际探测的重点和展示国家实力的试金石。火星热再度急剧升温，更掀起全球人们对火星的关注热情。眼下，一批科学家正在美国犹他州的沙漠中模拟火星生活，寻找向火星移民的办法。在一个名为"火星500"的计划中，2010年6月3日，来自欧洲、俄罗斯和中国的6名志愿者开始在密封空间中"与世隔绝"地生活520天，模拟飞往火星的太空生活。2011年10月，中国首颗火星探测器"萤火一号"将和俄罗斯火星探测器一起奔赴火星。美国和欧洲更多的火星探测器随后也将登陆火星。

从地球飞往火星，单程需近一年的时间，较好的发射时机每隔一年才有一次。但对于人类而言，漫步火星只是时间问题。美国《科学探索》杂志预测说，未来第一个踏上火星的地球人也许是一个美国人，但把他送上火星的人则是一群来自美国、俄罗斯、欧洲、日本和中国的科学家。因为登陆火星是个太大的工程，联合作战才能使这一天尽快来到。

谁第一个登上火星更多的是"面子"问题，但探测火星将为人类带来一场新的科技革命，而真正的竞争是这场科技革命的主导权的争夺。

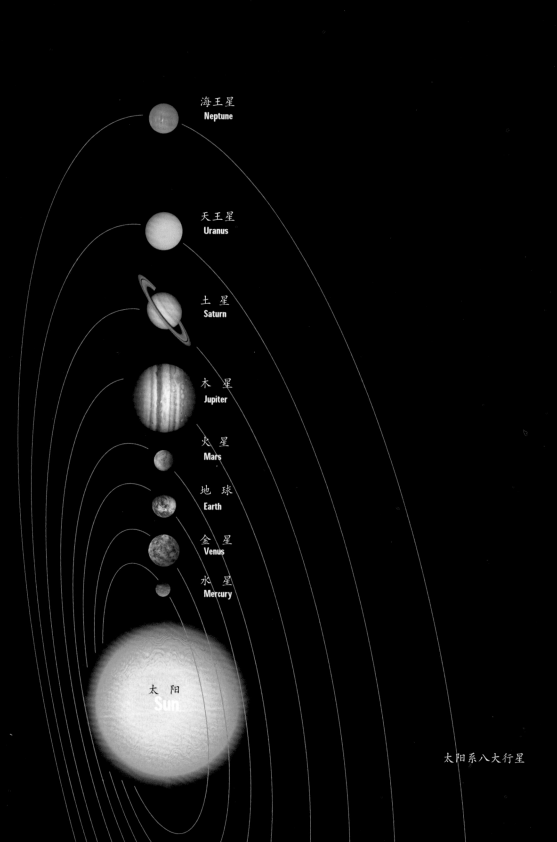

海王星
Neptune

天王星
Uranus

土 星
Saturn

木 星
Jupiter

火 星
Mars

地 球
Earth

金 星
Venus

水 星
Mercury

太 阳
Sun

太阳系八大行星

目 录

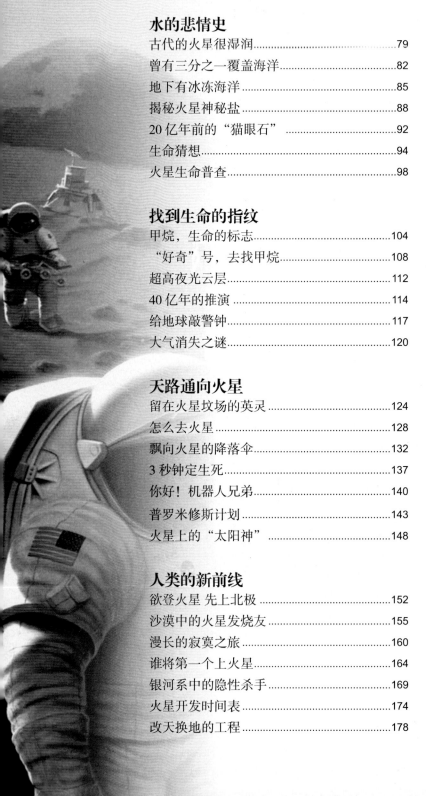

"海盗"成功入侵

在人类发射的探测器涉足火星之前，有关"火星人"的故事传说甚嚣尘上，直到"海盗"号飞船登陆火星……

在太阳系的行星之中，地球的邻居——火星被认为最有可能孕育生命体。目前，火星勘测获得的证据表明，远古时期的火星可能更适宜生命体生存。火星地理学特征暗示着液态水曾经在火星表面流动，此外，目前沉寂的火山在远古时期则处于活跃状态，在火星表面和内部之间进行着化学物质和矿物质循环。

火星与地球有多像？

火星是太阳系八大行星之一，按照距离太阳由近及远的次序为第4颗，为太阳系中离地球最近的一颗行星。这颗红色行星是太阳系中与地球最接近的行星，它的体积大小和温度等级与地球较为接近。

火星比地球小，赤道半径为3395千米，是地球的一半，体积不到地球的1/6，质量仅是地球的1/10。火星的内部和地球一样，也有核、幔、壳的结构。火星上的一昼夜比地球上的一昼夜稍长一点。火星公转一周约为687天，火星的一年接近地球的两年。

火星与地球比较

	火 星	地 球
与太阳的平均距离（千米）	22847.8 万	14963.7 万
公转平均速度（千米/秒）	23.3	29.7
平均直径（千米）	6789.9	13394.9
轴的斜率（度）	25	23.5
一年的长度	687 个地球天	365.25 天
一天的长度	24 小时 37 分钟	23 小时 56 分钟
引力	地球引力的 0.375	火星引力的 2.66
温度（℃）	平均 -62.7	平均 13.8
大气层	大部分是二氧化碳，少量水蒸气	氮气、氧气和氩气，以及其他
卫星数量（个）	1	2

用肉眼看去，火星是一颗引人注目的火红色星，它缓慢地穿行于众星之间，在地球上看，它时而顺行时而逆行，而且亮度也常有变化，最暗时视星等为 +1.5，最亮时比天狼星还亮得多，达到 -2.9。由于火星荧荧如火，亮度经常变化，位置也不固定，所以中国古代称火星为"荧惑"。而在古罗马神话中，则把火星比喻为身披盔甲浑身是血的战神"玛尔斯"。在希腊神话中，火星同样被看做是战神"阿瑞斯"，至于它

地球（左）与火星

的两颗卫星——火卫一和火卫二，天文学家便以阿瑞斯的两个儿子——"福波斯"和"德瑞斯"来命名。

自望远镜发明以后，由于观察到火星多种特性与地球相似，曾一度被誉为"天空中的小地球"。在很长的一段时间里，火星看起来是最适合地球以外生命居住的星球。火星的表面不同于金星的一目了然，光学望远镜只能看到它表面的红色大气，这使得人们总是想象着，红色大气覆盖下的是蓝色的海洋和绿色的田野。它两极冰冠的大小变化，被认为是火星四季的变化。

1877年，意大利天文学家夏帕勒里报道说，他用望远镜在火星上看到一些很像是运河的线条，这似乎表明火星上存在着智能非常发达的生物。人们推测，火星上既然有人工运河，就一定会有火星人。许多科学家把揭破火星运河之谜作为自己的研究任务。但是，由于过去人们只能从很远的地方对这颗神秘的行星进行观察，不但观察到的结果因人而异，而且对结果的解释也因各人的观点不同而大相径庭。所以，在将近100年的时间内，火星上究竟有无生命存在这个问题，始终没有得到解决。关于"火星人"、"火星

从望远镜中看到的火星

生命"等激动人心的问题争论了近一个世纪。

美国天文学家珀西瓦尔·洛威尔在《火星》中描述火星是一个荒凉无边的红色沙漠，贫瘠干燥，但是仍然可能有生命存在。在探测器所拍摄的火星照片中，可以看到火星表面有如运河一般的痕迹，在照片中可以很清楚地看到地表的刻痕。因此在早期的研究中，一度以为火星正面临着前所未有的干旱时期，因此，智慧生物火星人在表面建构了网状的输水网，将极区的水运往低纬地区灌溉，不过这个说法已经被推翻了。

火星确实与地球有着相似之处：火星的自转和地球十分相似，自转一周的时间为24小时37分22.6秒，仅比地球长41分。它的自转轴倾角也只比地球的黄赤交角大32分。因此，火星上不仅有类似地球上的季节之分，还可明显的区分出"五带"，包括热带、南北温带、南北寒带。

尽管火星与地球有许多相似之处，但真实的火星表面十分荒凉，看来明亮呈橘黄色的区域是它的"大陆"，那里到处是黄、红色的沙丘和怪石。火星的环境被认为不适合生命存在：稀薄的大气 (没有氧气)，没有太阳辐射保护，土壤中没有有机成分，没有液态水，夜间气温达到摄氏 $-150℃$。火星表面日夜温差达 $100℃$，火星大气压不足地球大气压的 1%。

火星表面的土壤中含有大量氧化铁，由于长期受紫外线的照射，铁就生成了一层红色和黄色的氧化物。夸张一点说，火星就像一个生满了锈的世界。由于火星距离太阳比较远，所接收到的太阳辐射能只有地球的 43%，因而地面平均温度大约比地球低30多摄氏度，昼夜温差可达上百摄氏度。在火星赤道附近，最高温度可达 $20℃$ 左右。火星上也存在大气。其主要成分是二氧化碳，约占 95%，还有极少量的一氧化碳和水气。

火星轴的倾斜角度能够发生极端的变化

火星科幻故事多

2000 年 12 月，美国科幻作家杰佛瑞·兰迪斯出版了第一部科幻长篇小说——《火星穿越》。这位美国宇航局的航天科学家，掌握着现代航天技术的第一手资料，他参与了著名的"火星探路者"计划——由他来写关于火星的小说，恐怕是最合适不过了。

火星是科幻小说的发源地之一。19 世纪末期，当人们发现月亮上没有生命，火星相对就变成了一个更有趣的旅行地点。它成为了帕西·格里格的《穿越黄道》中高等文明的发源地，休·马考尔的《陌生者的密封包裹》中的失落文明探险的基地。而罗伯特·克鲁米的《潜入深空》则是一个星际爱情故事。库尔德·拉斯维兹的《两颗行星》提供了另一个高等星际文明的详细描述和星际之间政治关系的讨论。

1897 年，H·G·威尔斯出版了他第一本关于火星的小说《水晶蛋》，紧接着就是著名的《大战火星人》，一个外星人入侵地球的故事。这个故事对 20 世纪的科幻小说影响了很长一段时间。这部小说向大众灌输了火星人是怪物的想法，1938 年由于奥尔森·威尔斯绘声绘色的广播，上千的美国人以为火星人真的进攻地球而逃出家门。

埃德加·赖斯·伯勒斯的《火星公主》开始了他现代神话式的系列小说，这个系列在后来的 30 年中出版了 11 卷，对后来科幻小说的影响不亚于 H·G·威尔斯。据说"小绿人"这个称呼最早就是出自《火星公主》。

早期的科幻杂志都能看出《大战火星人》的影响。不久，可能是说火星人是怪物的小说太多了，就出现了一些唱反调的作品：P·苏尔勒·米勒的《宇宙被遗忘的人》描写了一些温和谦逊的火星人，而雷蒙·Z·加伦的《老忠实》是对 H·G·威尔斯和达尔文理论假想的反驳。杂志中其他比较出色的作品中还有 C·A·刘易斯的《宁静星球之外》，P·苏尔勒·米勒的讽刺故事《洞穴》。火星文明的最繁荣的景象出现在露易·巴克特的《火星阴影》中。罗伊·布拉德博里为火星小说带来了印象派般的浪漫气氛，他的小说《火星历代记》中火星

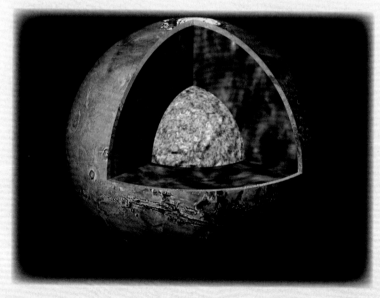

火星核

已经灭亡，而火星上已经灭绝的生命的鬼魂却游荡在火星四周。这个故事由于它浪漫和怀旧的气氛变得非常吸引人。

20世纪50年代，火星的异域浪漫又被科幻作家丢在脑后，新的主题是如何让火星这样缺水少氧的星球成为地球新的殖民地。这类作品比较出名的有阿瑟·C·克拉克的《火星之沙》，

想象中的火星人

希里尔·裘德的《火星前哨》，E·C·图布的《异尘》。这些小说里火星本土生物出现得不少，但是基本都没有和地球人有什么冲突。

20世纪60年代火星神话又进入了超现实主义的新阶段。黑莱恩的《陌生人在陌生地》叙述了一个被火星人抚养长大的地球人回到地球以后是如何建立以火星文化为基础的宗教体系。罗杰·泽拉尼的《传道书的玫瑰》恰好相反，一个地球诗人领导颓废的火星人进行文化复兴。菲利普·K·迪克的《火星人时间片断》既采用了殖民的情节又采用了天文学家描述的火星景象，苍凉的场景正符合了迪克小说的气氛。对火星最真实的描写可能是卢迪克的《附近就是地球》，这篇小说是写第一支火星探险队中的几名成员在恶劣的环境下生存的故事。

最近这些年来，地球人对火星的认识越来越深入，火星小说中讨论最多的问题已经变成火星究竟有没有可能适合生命存在。《火星人的印加》和《火星国王的大厅》都是固执地认为火星环境虽然恶劣，仍然有生命可以奇迹般地适应生存。另一些科幻作家的观点则是无论火星多么荒凉，不久的将来它就将成为地球的殖民地，如刘易斯·辛尼的《前方》，斯特林·兰尼尔的《来自火星森林下的威胁》。一个新的想法是对火星进行彻底改造，使它利于生命存在。金·斯坦利·罗宾森的《绿色火星》里就有这么一场争论，环境保护主义者反对改造火星的计划，而宁可保留它过去那个荒凉的红色世界。

火星人入侵的故事现在看来已经是过时了，只是偶尔一些讽刺小说里才会出现，如《火星人来的那天》、《红色星球之旅》等。

未来的火星故事会是怎样呢？当第一次载人飞船在火星着陆时，也许一切都会不同了。

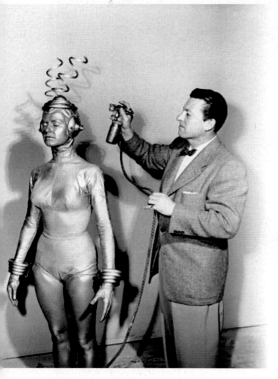

1953 年《世界大战》电影中火星人造型

相关链接

《火星公主》科幻小说简介

美国南北战争结束的 1866 年，南方军队骑兵大尉卡特从阿里台那一洞窟中突然飞到了火星。这时的火星，其科学发达程度远远超过了地球。但是，在火星上，有身材高大而丑陋的四臂绿色人支配的萨克族，也有爱好和平，与地球人十分相象的漂亮赤色人所支配的赫列姆王国等，总之，当时呈现群雄割据的混乱局面。卡特施展了自己的才能，行侠仗义，同绝色佳人苏莉丝公主结下姻缘。他在那里度过了十年和平的岁月。但是，为了要从一次突发的事件中拯救火星，卡恃冒着巨大危险亲赴事故现场……

本书以火星与地球巨大场面为背景，又具有神奇冒险小说那种扣人心弦、无与伦比的趣味性，构成了科幻史上称为宇宙歌剧的典型。

银河系

"水手"传来的"噩耗"

"水手"4号火星探测器是一系列以飞越方式进行的行星际探险中的第4个,并且是第一个成功飞越火星的探测器。它回传了第一张火星表面的照片,并且是第一张从地球以外另外一个行星上拍的照片。这张充满了陨石坑、死寂世界的照片,震惊了科学界。

1964年11月28日,"水手"4号从美国卡纳维拉尔角发射升空。经过一次中途修正轨道,1965年7月14~15日从8000~9660千米远飞越火星。7月14日启动行星科学模式,15日,相机以交替红绿滤镜取得21张照片及第22张照片的前21行。相片涵盖了火星地表上断续的长列,从接近北纬40°,东经170°到南纬35°,东经200°,和扫到南纬50°,东经255°,相当于这颗行星的1%表面。最接近火星表面的距离为9846千米,取得的照片储存在磁带记录器中,后来两次向地球传送,以确保成功。

"水手"4号重260.68千克,由八角形镁合金结构组成。对角线长1.27米,高0.457米。上面有4个太阳能板、一个直径1.168米的高增益碟形天线和一个长2.235米的低增益全向天线,这使探测器翼展达到6.88米。底部的扫描平台上有一台摄像机。此外,还有磁力计、尘埃探测仪、宇宙射线望远镜、太阳等离子探测仪及计数器。电力由4个170×90厘米的太阳能板里的28224个太阳能电池提供,在火星轨道上总共可提供310瓦电力。另外,有一个可充电的1200瓦小时银—锌电池作备份。

"水手"4号的主要任务是为执行近距离火星科学观测,并将结果传回地球。其他的目标任务,包括在火星附近执行行星际的地表及粒子测量,并提供长途星际飞行的工

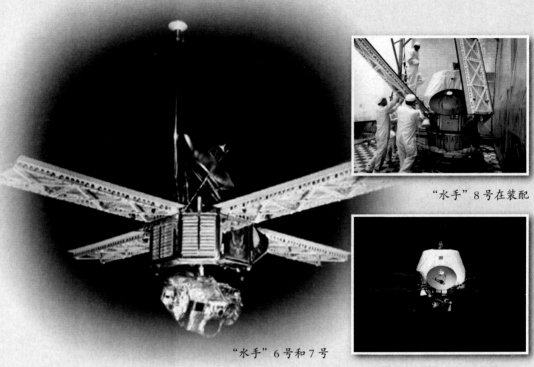

"水手" 8 号在装配

"水手" 6 号和 7 号

"水手" 9 号

程技术的经验及知识。"水手" 4 号回传了从发射至 1965 年 10 月 1 日共计 5.2 兆比特的有用资料。传回的资料显示类似月球的陨石坑地貌（在后来的任务中发现这在火星上并不是典型的，而只是存在于"水手" 4 号拍摄到的古老地区）。此次任务中估计表面大气压为 4.1~7.0 毫巴（410~700 帕斯卡），白天气温 –100℃，没有探测到磁场。

1967 年 12 月 21 日，地面与"水手" 4 号失去连络。

火星上的生命曾经是几世纪以来科幻小说的主题，但在"水手" 4 号任务后，一般认为，陨石坑与稀薄的大气层显示出，火星就这样暴露在严峻的太空中，拥有智慧生物的希望基本上破灭。如果火星上有生命，它大概会以更小、更简单的形式存在。"水手" 4 号导致了科幻小说的改变，从原本描述有智慧的外星人居住在太阳系其他行星上，到后来改为描述他们居住在其他恒星系统的行星上。

"水手" 4 号总花费约为 8230 万美元。"水手"号探测器（从"水手" 1 号至"水手" 10 号）的总研究、开发、发射及支援花费接近 5.54 亿美元。

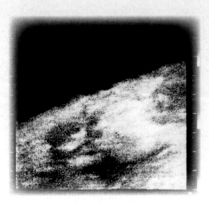

"水手" 4 号拍的火星图像

火星探测器一览表

序号	探测器	发射时间	国家
1	火星 1 A 号（火星 1960 A）	1960 年 10 月 10 日 14 时 27 分 49 秒	苏联
2	火星 1 B 号（火星 1960 B）	1960 年 10 月 14 日 13 时 51 分 03 秒	苏联
3	卫星 22 号（火星 1962 A）	1962 年 10 月 24 日 17 时 55 分 04 秒	苏联
4	火星 1 号	1962 年 11 月 1 日 16 时 14 分 16 秒	苏联
5	卫星 24 号（火星 1962 B）	1962 年 11 月 4 日 15 时 35 分 15 秒	苏联
6	水手 3 号	1964 年 11 月 5 日 19 时 22 分 05 秒	美国
7	水手 4 号	1964 年 11 月 28 日 14 时 22 分 01 秒	美国
8	探测器 2 号	1964 年 11 月 30 日 13 时 12 分	苏联
9	探测器 3 号	1965 年 7 月 18 日 14 时 38 分	苏联
10	水手 6 号	1969 年 2 月 25 日 01 时 29 分 02 秒	美国
11	火星 2 A 号（火星 1969 A）	1969 年 3 月 27 日 10 时 40 分 45 秒	苏联
12	水手 7 号	1969 年 3 月 27 日 22 时 22 分 01 秒	美国
13	火星 2 B 号（火星 1969 B）	1969 年 4 月 2 日 10 时 33 分 00 秒	苏联
14	水手 8 号	1971 年 5 月 9 日 01 时 11 分 02 秒	美国
15	宇宙 419 号	1971 年 5 月 10 日 16 时 58 分 42 秒	苏联
16	火星 2 号	1971 年 5 月 19 日 16 时 22 分 44 秒	苏联
17	火星 3 号	1971 年 5 月 28 日 15 时 26 分 30 秒	苏联
18	水手 9 号	1971 年 5 月 30 日 22 时 23 分 04 秒	美国
19	火星 4 号	1973 年 7 月 21 日 19 时 30 分 59 秒	苏联
20	火星 5 号	1973 年 7 月 25 日 18 时 55 分 48 秒	苏联
21	火星 6 号	1973 年 8 月 5 日 17 时 45 分 48 秒	苏联
22	火星 7 号	1973 年 8 月 9 日 17 时 00 分 17 秒	苏联
23	海盗 1 号	1975 年 8 月 20 日 21 时 22 分 00 秒	美国
24	海盗 2 号	1975 年 9 月 9 日 18 时 39 分 00 秒	美国
25	火卫一 1 号（福波斯 1 号）	1988 年 7 月 7 日 17 时 38 分 04 秒	苏联
26	火卫一 2 号（福波斯 2 号）	1988 年 7 月 12 日 17 时 01 分 43 秒	苏联
27	火星观察者	1992 年 9 月 25 日 17 时 05 分 01 秒	美国
28	火星全球勘测者	1996 年 11 月 7 日 17 时 00 分 49 秒	美国
29	火星 96	1996 年 11 月 16 日 20 时 48 分 53 秒	俄罗斯
30	火星探路者	1996 年 12 月 4 日 06 时 58 分 07 秒	美国
31	希望号（行星 B）	1998 年 7 月 3 日 18 时 12 分	日本
32	火星气候探测者	1998 年 12 月 11 日 18 时 45 分 51 秒	美国

续表

33	火星极地着陆者	1999 年 1 月 3 日 20 时 21 分 10 秒	美国
34	2001 年奥德赛号探测器	2001 年 4 月 7 日 15 时 02 分 22 秒	美国
35	火星快车（猎兔犬 2 号搭载）	2003 年 6 月 2 日 17 时 45 分 26 秒	欧洲空间局 / 英国
36	勇气号火星探测车	2003 年 6 月 10 日 17 时 58 分 47 秒	美国
37	机遇号火星探测车	2003 年 7 月 8 日 03 时 18 分 15 秒	美国
38	罗塞塔号彗星探测器	2004 年 3 月 2 日 07 时 17 分 44 秒	欧洲空间局
39	火星勘测轨道器	2005 年 8 月 12 日 11 时 43 分 00 秒	美国
40	"凤凰"号	2007 年 8 月 4 日 09 时 26 分 35 秒	美国
41	火卫一 – 土壤 / 萤火一号	2011 年 10 月	俄罗斯 / 中国
42	火星科学实验室	2011 年 10 月至 12 月间	美国
43	2013 年火星侦察兵计划	2016 年 11 月 18 日至 12 月 7 日间	美国
44	欧洲"火星生命"漫游车	2016 年	欧洲空间局
45	火星样本取回任务	2018 年	欧洲空间局 / 美国

火星地质勘探示意图

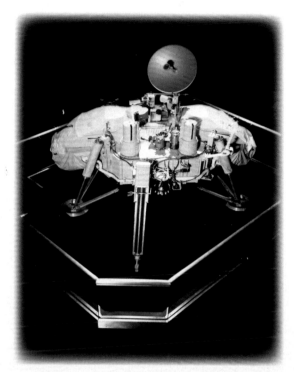

"海盗"号登陆火星

1976 年,美国"海盗"号探测器在火星着陆,人们终于知道了火星的真相,它是一个非常寒冷的星球,大气稀薄,没有植物。斯帕雷利发现的类似运河的网状结构并非运河,而可能是远古时代水流的痕迹。

海盗计划共耗资 10 亿美元,是火星探测史上最昂贵的计划,也是 20 世纪最成功,提供信息最多的火星探测计划。计划包括两个无人空间探测任务:"海盗"1 号和"海盗"2 号。

1975 年 8 月 20 日和 9 月 9 日,"海盗"1 号和"海盗"2 号相继发射升空。每艘航天器包括轨道器和着陆器。轨道器的主要功能是运送着陆器到火星、确认着陆地点和为着陆器进行通信中继,以及进行自身的科研项目。着陆器与轨道器分离后,进入火星大气,然后在选定的着陆点软着陆。着陆器部署后,轨道器在轨道上继续执行成像和其他科学任务。包含推进剂的轨道器—着陆器联合体重 3527 千克,分离并着陆后,着陆器重 600 千克,轨道器重 900 千克。

轨道器基于较早的水手 9 航天器,其横截面为约 2.5 米的八边形。总重 2328 千克,其中 1445 千克为推进剂和姿态控制气体。轨道器总高度 3.29 米。

4 个太阳能电池翼沿轨道器轴对称布置,相对的太阳能电池翼展宽为 9.75 米。每个翼板上安装两块 1.57 × 1.23 米的太阳能电池板,太阳能板由 34800 块太阳能电池构成,在火星可提供 620 瓦特功率。电能贮存在两个 30 安时镍铬电池中。

主推进器为使用二元推进剂(甲基肼和四氧化二氮)的液体火箭发动机。发动机推力 1323 牛顿。发动机可双轴摆动 9 度。姿态控制由 12 个小压缩氮喷嘴、太阳寻获传感器、巡航太阳传感器、老人星跟踪器和由六个三轴稳定陀螺仪构成的惯性部件和两个加速计。

通信系统包括一个 20 瓦特 S 波段(2.3GHz)发射机、2 个 20 瓦特行波管放大器。为了无线电科学研究和通信实验设置的 X 波段(8.4GHz)下行链路。S 波段(2.1GHz)上行链路。1.5 米双轴稳定抛物面天线、固定低增益天线、2 个 1280 兆位磁带记录器和一个 381MHz 中继无线电装置。

科学仪器总重 72 千克。科学仪器包括成像、大气水蒸气、红外热成像装置等,均安装在具有温度控制的指向性扫描平台中。指令处理经由各自独立的两个同样的数据处理器,各具有容量为 4096 字的存储器用于存贮上行命令和已获取的数据。

着陆器是六面的铝质结构,每面高 1.09 米,长 0.56 米。由三条支撑脚支持。3 个支撑脚构成边长 2.21 米的等边三角形。

着陆器由两个钚 –238 放射性衰变电池供电。电池安装在着陆器基础结构两侧,由防风板覆盖,高 28 厘米,直径 58 厘米。可提供 4.4 伏特,30 瓦特的连续电源。4 个 8 安时 28 伏特蓄电池提供峰值负荷。推进由使用单组元联氨推进剂的火箭发动机提供。发动机喷嘴共 12 个,排列成 4 组。三组喷嘴可提供 32 牛顿推力。这些喷嘴也通过推力控制进行移动和旋转控制。下降与着陆由三个具有 18 个喷嘴的单组元联氨推进剂发动机提供动力,推力在 276~2667 牛顿间可调。联氨推进剂经过净化,以防污染火星表面。着陆器于发射时携带 86 千克推进剂,盛装在 2 个钛质燃料箱中。燃料箱安装在放射性衰变电池风挡的两端。

发射后与进入火星大气层前,着陆器被热防护盾保护。热防护盾用于着陆器进入大气层时进行气动减速,也用于防治地球微生物污染火星表面。出于防范微生物污染考虑,着陆器经过 7 天华氏 250 度"烘培"消毒。发射时,一个"微生物防护罩"包裹着热护盾,直到半人马上面级将轨道器/着陆器联合射出地球轨道后抛弃。这个为"海盗"号计划开发的行星保护方法后来也用于其他任务。

通信设备包括一个 20 瓦特 S 波段发射机和两个 20 瓦特行波管放大器。一个双轴稳定高增益抛物面天线安装在基座一侧的吊竿上。一个全向低增益 S 波段安装在基座上。二者均可直接与地球通信。一个 UHF 波段(381MHz)天线提供由轨道器中继的单工通讯。数据存储于 40 兆位容量的磁带记录器中。着陆器计算机具有 6000 字容量的存储器用于指令存贮。

"海盗"1 号花费 10 个月航向火星,轨道器在进入火星轨道前 5 天开始传回火星全球照片。1976 年 6 月 19 日,轨道器进入火星轨道并且在 6 月 21 日调整至 1513 × 33000 千米、24.66 小时轨道。原本计划于 1976 年 7 月 4 日美国独立 200 周年纪念日

"海盗"1号着陆全景图

登陆火星，但拍摄的影像显示，首选的登陆地点地形不够平坦，无法确保安全登陆，遂将登陆时间延迟至找到另外一个较安全的地点为止。

7月20日，着陆器在与轨道器分离3小时后，成功登陆火星。

当分离之时，着陆器以4千米/秒速度绕火星飞行。分离后，着陆器的火箭点燃，着陆器开始脱离轨道。几小时后，高度降到距离火星表面300千米，着陆器开始进入火星大气。当高度为250米时，着陆器展开直径16米的降速伞。70秒之后，抛弃减速伞，再过8秒，着陆器展开三只支撑脚。45秒后，着陆器速度降至60米/秒。40秒之后，着陆器距火星表面1.5千米，减速火箭点燃，直到以2.4米/秒的速度着陆。登陆火箭使用18个喷嘴的设计将氢气及氮气排放至大面积区域。这样一来可以限制使地表增温不到1℃而且不会有超过1毫米大小的地表物质被吹走。

"海盗"1号着陆器在西Chryse Planitia（后被命名为黄金地）登陆，地处火星北纬22.697°、西经48.222°，当地海拔 −2.69千米，当地时间16时13分。登陆后仍有接近22千克推进剂没用完。

"海盗"2号着陆全景图

"海盗"1号拍摄的火星表面

着陆后 25 秒，着陆器开始传送火星表面第一张照片。除了地震仪无法正常展开，和一只取样机械手卡住，花了 5 天才解决外。其他实验都正常地运作。

着陆器共运作了 2245 个火星日，直到 1982 年 11 月 13 日，因为地面控制中心上传新的电池充电软件时，不慎覆盖了作为天线指向软件的资料，造成无法联络。轨道器任务活动在 1980 年 8 月 17 日结束，共计环绕火星轨道 1485 次，1977 年 2 月，还近距离接近火卫一。

"海盗"2 号任务基本上与"海盗"1 号任务相同。1976 年 9 月 3 日，着陆器从轨道器脱离，登陆于乌托邦平原。原本正常的操作会在脱离后将连结轨道器及着陆器的生化防护罩退出，但因为脱离时的问题，生化防护罩被留在轨道器上。"海盗"2 号着陆器在火星地表上共运作 128 一个火星日，最后在 1980 年 4 月 11 日因电池失效而结束运作。

谜底仍未揭开

20 世纪 60 年代，美苏两国分别向火星发射了探测器，在离它很近的地方对它进行摄影和其他方面的探测。这些仪器送回的照片和其他资料说明，火星上并没有运河，它的大气非常稀薄，温度很低，而且没有水，表面极为干燥。在这样的条件下，我们所知道的动植物是不可能生存的，更不用说"火星人"了。

那么，火星上有没有比较低级的生命形态，比方说微生物呢？大家知道，微生物对生存条件的要求并不太高，因此，它们也许能够适应火星上严峻的生活条件吧。

"海盗"2 号拍到的火星表面

"海盗"2 号仪器

"海盗"1 号和"海盗"2 号着陆器在火星上成功着陆，携带的仪器主要用于以下科学研究目的：生物研究、化学成分分析（有机与无机）、气象、地震学、地磁学以及地貌、火星表面和大气物理。

"海盗"号科学仪器总重 91 千克。包括：两个 360° 圆柱扫描相机安装在基座长边附近，自中部伸展的带有收集探头的采样臂、温度传感器、磁体、气象探测器。地面温度传感器、风向和风速传感器装置于一条支撑腿上。地震传感器、磁体、相机测试目标、放大镜安装在相机背侧，接近高增益天线。生物学实验设备、气象色谱分光镜和 X 射线荧光分光镜安装在环境控制隔间中。气压传感器安装在着陆器底部。

广义相对论预测了"重力的时间延滞"现象。科学家用"海盗"号着陆器来观测这个现象。他们送出无线电讯号给火星上的着陆器，并且命令着陆器送回讯号。科学家因此发现讯号来回传递需要的时间符合预测的结果。

"海盗"1 号着陆器在火星表面开展了 3 项特别有意思的寻找生命实验，即放射性同位素示踪、光合作用和呼吸作用生物学实验。

第一个实验是用营养汤去湿润火星的土壤，看看土壤会不会释放出能证明有生命存在的气体，例如植物呼出的氧气或动物呼出的二氧化碳。在这个实验中，土壤确实一下子放出大量的氧气，但放得太快了，看起来像是发生化学反应而引起的，同生物作用没有关系。所以，科学家们认为这是太阳紫外线的作用使土壤含有很多过氧化物，这些东西一碰到水，就把过剩的氧释放出来，这样放出的氧气并不能证明有生物存在。

第二个实验是寻找火星上的植物。这个实验也没有得到令人信服的结果。

第三个实验是把微生物爱吃的营养物（其中含有放射性碳原子）的水溶液倒在火星的土壤上，如果土壤中有微生物，那么，它们吃了营养物之后，就会呼出放射性二氧化碳，从而被计数器记录下来。在这个实验中确实探测到不少放射性二氧化碳，不过，有些科学家仍然认为这是化学反应的结果，与微生物并不相干。

当然，光凭一次实验是不足以得出最后结论的。"海盗"2号在距离1号着陆点7000千米的地方重做了那3个实验。这一次，试验用的土壤是从岩石下取出的，它没有受到太阳紫外线的照射，不会有过氧化物，所以，释放出的氧分子应该少得多。果然，在这次实验

由"海盗"号探测器制成的火星全球图

由"海盗"号探测器制成的火星全球图

中测量到的氧分子数量只有"海盗"1号那次实验的十分之一，这似乎更加证实氧气的产生是化学反应的结果。

如果真的是化学反应在起作用，那么，在第三个实验中放出的二氧化碳也应该只有前一次实验的十分之一。然而，奇怪的事发生了：当把营养液浇在土壤上时，测量到的放射性二氧化碳竟同前一次一样多。不仅如此，当把土壤加热到40℃时，二氧化碳的数量并不是增多（化学反应会随温度的上升而加快），反而减少了，这只能用微生物的繁殖受到抑制来解释。因此，有些科学家认为，火星上确实有生命存在，不过，

由于现在火星正处在干旱的周期，这些微生物并不活跃，一旦出现潮湿的周期，它们将表现出巨大的生命力。

3个实验均未找到生命存在证据。不过，这同样不是决定性的结论，目前对它持怀疑态度的科学家还很多。这毕竟也只是一次孤零零的实验。人类仍然怀有两种希望：如果火星现在没有生命，是否在很久以前曾有生命存在；现在火星上或许存在一些低级生命，只是对人类精心设计的实验没有反应。

如果火星上有生命存在，也许只是些微生物，那么，我们就可以确信，地球并不是宇宙中唯一具有发展生命条件的星球；并且，由于宇宙中有许多比我们太阳系更老的恒星系统，那里肯定会存在比我们更先进的智能生物，这样，关于"飞碟"和天外来客就不需要有太多争论了。仅就这一点说，火星上有没有生命的问题还值得继续探讨下去，直到人类最后通过自己的实践找到答案为止。

1996年8月，科学家利用在南极发现的一块45亿年前的陨石所做的大量研究宣布：这块陨石中的气体成分与火星大气层的成分极其相似，因此可以确定它来自火星。科学家还透露，这块陨石内含有他们认为可能是微生物化石的证据，表明火星可能在36亿多年前曾存在生命。这一宣布，曾在科学界引起反响，而后，更多的科学家把他们对火星生命之谜的研究寄托在火星探测器传回的资料上。

"海盗"2号拍摄的火星下霜

"艾伦·希尔斯" 84001 火星陨石

火星陨石神降地球

1996 年，美国宇航局和白宫均对外宣称，美科学家可能已经发现了火星生命。科学家们的新证据是从一块 1984 年在南极洲发现的火星陨石中找到的。科学家估计，这块被命名为"艾伦·希尔斯84001"的陨石大约是 45 亿 年前在火星表面形成的，是太阳系内已知的最古老物体之一。 因为这块陨石内包含微小的碳酸盐结构，大约有 40 亿年的年龄，此前科学家假设这块陨石同水发生了反应。

"艾伦·希尔斯"火星陨石由此在美国引起了广泛的争论。当时的美国总统克林顿曾经在一次演讲中也提到了这个热门话题。克林顿说，"它 (陨石) 说明可能有火星生命的存在。如果这个发现最终被证明是真实的，将可能是人类对宇宙最辉煌的发现。"

大约 1500 万年前，火星遭到一块较大的陨石撞击，把"艾伦·希尔斯84001"陨石抛向太空。在太空中飞行了约 1500 万年之后，距今约 1.3 万年前，这块火星陨石降落到地球上。该陨石的化学构成与人类在 20 世纪 70 年代采集到的火星大气样本分析相符合，因此可以断定其来自火星。

1984 年，一个美国科学家研究小组在南极大陆发现了这块火星陨石。

1996 年， "艾伦·希尔斯84001"陨石登上报纸头条。

美国宇航局科学家戴维·麦凯和其他科学家用电子扫描显微镜对这块陨石内部进行了观测，发现了似乎是细菌的生命形式的纳米级化石。右图中的凸起同微小细菌形成的微化石十分相似。一些圆形凸起被保存在陨石表面，类似单个球状微生物。当时麦凯和其他一些科学家指出，这块陨石中的微化石可能是生命的证据，不过许多人对此观点持怀疑态度，认为这些类似生物的结构也许不是由远古火星生命形式形成的。

事实上，当时普通的显微镜下显示的是

火星陨石中发现的碳酸盐小球

表面岩层中的微型磁铁矿晶体，该晶体结构与嗜铁细菌形态极为相似。在过去13年间，许多科学家小组就这些磁铁矿晶体的来源提出了不同的假设性理论。其中占主导性的假设认为，这些磁铁矿晶体的来源是非生物性的，认为这很可能是碳酸盐在陨石撞击地球时高温下的反应生成物。而如今，来自美国宇航局约翰逊航天中心的戴维·麦凯及其同事用先进显微技术对这块火星陨石进行观测研究。美国宇航局科学家的最新研究结果说明，热分解假说不能解释"艾伦·希尔斯84001"陨石中大部分磁铁矿晶体的成因，加热陨石成分的方法不能

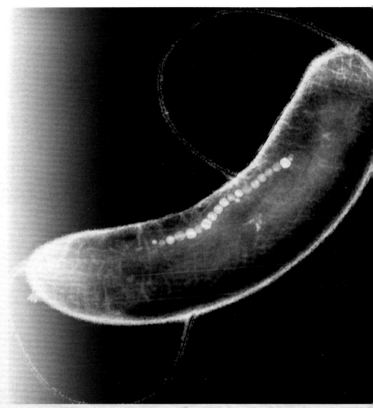

陨石中的生命痕迹

生成微磁铁晶体。他们对其中的碳酸盐结构，重点是磁铁矿微晶体进行了研究。依靠高分辨率电子显微镜作出的新分析则显示，该陨石晶体结构中约有25%确实是由细菌形成的。此外，科学家们还从这块陨石中发现了火星上存在液态水的证据，证明这颗红色星球在过去也许曾经有着适合生命生存的条件。

该小组同时还对另外两块火星陨石进行研究，这两块陨石分别是1911年落在埃及的Nakhla和同样落在南极洲的Yamato593。科学家称，这两块陨石中同样含有微生物迹象。但一些天体生物学家表示，火星上是否存在生命是十分复杂的问题，不可能仅仅凭一块陨石就确定。

2009年11月27日，据美国《大众科学》网站报道，美国宇航局的一个科学家小组近日通过最新研究数据初步证明，火星上曾经存在生命。美国宇航局的这个科学家小组就是那个曾经发现颇具争议的"艾伦·希尔斯"火星陨石的科研团队。该小组近期通过对关于该陨石最新数据的分析，发现陨石中确实存在生命起源的物质结构。

科学家们利用最先进的高分辨率电子显微技术对"艾伦·希尔斯84001"进行了细致观察，他们尤其关注其中的碳酸盐和磁铁晶体。科学家们从这些物质结构中发现，它们的化学纯度更像是一种生物学形态，而不是地质学形态，它们与地球上的趋磁细

火星陨石

菌有着极强的相似性。因此，科学家们认为，这些物质可能是某种生命形态，而不是矿物质。

这些新的研究成果发布在地球化学与陨石学会 2009 年 11 月的会刊《地球化学与宇宙化学学报》上。《地球化学和宇宙化学学报》是地球科学界影响最高的重要刊物之一。

不过，这一发现同样存在争议，甚至在美国宇航局内部都存在不同的看法。美国宇航局艾姆斯研究中心和喷气推进实验室的一些天体生物学家并不认同这种观点。

火星陨石

先遣部队打探

1996 年，"艾伦·希尔斯 84001"火星陨石包含生命遗迹的消息被公布出来，这大大地刺激了人们探索火星的兴趣。但是被称为探测器坟场的火星并不那么友好，1996 年，多国合作、由俄罗斯制造的"火星 96"探测器在发射不久即坠入了太平洋。

火星探险似乎是"不顺利"的代名词。自从 20 世纪 60 年代人类开始火星探险以来，已经有数个火星探测器"以身殉职"。1998 年 12 月和 1999 年 1 月，美国宇航局先后发射两个火星无人探测器——"火星气候探测"和"火星极地着陆者"。"火星气候探测器"1999 年 9 月在进入火星大气层时被烧毁。"火星极地着陆者"也于同年 12 月在预定着陆时间后下落不明。后查明原因为起减速作用的火箭发动机关闭过早。接连两次探测火星的失败严重影响了美国宇航局的火星考察计划，并使其一度中断。日本的"希望号"火星探测器于 1998 年发射升空，但是由于最初的故障导致了推进剂的过多消耗，科学家只得让"希望号"选择一条更复杂的飞行轨道，借助引力到达火星。

这一系列的失败，给火星蒙上了一层神秘的面纱。

"探路者"降临火星

1997年7月4日,美国东部时间13时零7分,位于加利福尼亚州的帕萨迪纳控制中心的电脑接收到从火星传来的信号,"火星探路者"探测器在火星阿瑞斯平原成功着陆。为之付出多年心血的科技人员顿时欢呼起来:"太棒了!太棒了!"

数小时后,由24个气囊连成的巨大气袋宛如花蕾绽开,露出了"火星探路者"着陆器和一辆6轮探测车。

19时30分,"火星探路者"轨道器传回第一张黑白照片。随后,第二张、第三张……令人应接不暇。火星表面是沙土,大大小小的岩石千姿百态,好似美国亚利桑那州的大沙漠。"火星探路者"着陆器和它的唯一"乘客"——"索杰纳"6轮火星车也清晰可见。索杰纳·特鲁斯是19世纪60年代美国南北战争时期的一位废奴主义者和国家统一支持者,这次"探路者"在火星上登陆的漫游小车,以他的名字命名。

21时35分,"火星探路者"发回更加激动人心的彩照。颜色逼真的沙土、岩石、山丘、沟壑,还有6轮探测车……

这是人类派往火星的使者第3次成功地登上火星。"索杰纳"号更是人类送往火星的第1辆火星车。

1996年12月4日,"火星探路者"探测器由德尔它-2火箭发射,离开地球向着火星挺进。"火星探路者"由轨道器和着陆器组成,重800千克,其中着陆器重264千克。经过213天的冲刺,在运行到火星北纬19.5°、西经32.8°上空时,轨道器与着陆器分离,轨道器继续绕火星飞行进行考察,而着陆器则以26460千米的时速向火星疾冲而下,以14.2°倾角进入火星大气层。倾角的精度要求很严,因为角度过大会造成激烈摩擦导致探测器焚毁,而角度过小则会掠过大气层飞离火星。

艺术家笔下的"火星探路者"登陆火星示意图,旁边是"索杰纳"号火星车。

美国东部时间，1997年7月4日下午1时过后，"火星探路者"开始向火星表面着陆。在冲到距火星地面10千米左右的高度时，"火星探路者"启动了一具直径7.3米的降速伞，在1分钟内，使着陆器的速度降至35米/秒。

紧接着，隔热罩张开，以免探测器前端过热。着陆前8秒，火星探路者号距火星只有1.7千米，24个直径约1米的气囊迅速膨胀，紧紧地护住了高0.9米、重800多千克的"火星探路者"。4秒后，火星探路者号降到离火星40米的高度，数枚自动点燃的反向制动火箭把速度进一步降到20米/秒。此时，"火星探路者"自动切断降速伞，在24个充满气的气囊像蚕茧一样密密地保护下，落向火星表面。它像皮球一样在火星表面上弹跳了3次，又滚了1分半钟，最终稳定了下来。

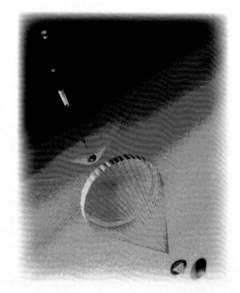

降落过程示意图

15分钟后，气囊排气收缩完毕，"火星探路者"张开三片六角形太阳能板，伸出并启动天线、摄影机、天气感测器和其他仪器。着陆的时候，火星上正是黑夜，到处一片漆黑。3个小时后，太阳升起，"火星探路者"开始利用太阳能发电，陆续向地面发回了一系列重要信息。晚上8时，地球上的科学家们收到了"火星探路者"发回的邮票般大小的第一张黑白照片，稍后，彩色照片也开始一张张传回地面接收站。从照片中，可见许多近距离的黑色鹅卵石及远处起伏崎岖的山丘，天空则是一片淡红。探测器上一架3D摄影机

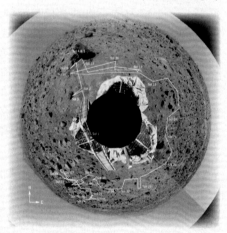

降落前一瞬间

完整地拍摄了周围360度的景象，所有的照片都显示出火星是一片贫瘠的荒漠。

着陆后，重10千克的"索杰纳"漫游者火星车缓缓驶出。这时，出了一点小小的故障，当"索杰纳"从着陆器中驶出的时候，被一个没有及时收回的气囊绊住了一个车轮，无法按原定计划走上火星探测。地面的科学家们立即指示"火星探路者"提起瓣状的外壳，用电马达尽量将气囊拉开。但没想到此时软件出了问题，"火星探路者"和"索杰纳"互不识别通信系统。地面控制人员立刻重新设定探测车的数据机。12小时后故障被彻底排除，"索杰纳"慢悠悠地开始了在火星上的漫游。其行进路线是预先确定好的，首先朝目标区西南部的一个长100千米、宽19.3千米椭圆形区域缓慢行进。

气囊放气后的图像

　　在漫游车从着陆器开出后，着陆器便是一个自动操作的仪器工作站。它探测各个地区不同成分的岩石和土壤，该使命原计划 30 天，后延长为 1 年，以搜集因季节变化而不同的火星资料。其上装有成像仪、α 质子 X 射线频谱议、大气结构和气象实验装置等，通过 17 瓦固态放大器和 X 波段的低增益天线及双轴高增益天线通信联络，数据传输速率为 700 比特 / 秒。通信设备用 100 瓦太阳电池和银锌蓄电池供电。着陆器上的成像仪是一个立体望远镜系统，它装在一根可升降的杆上（能升到着陆器之上 0.85 米外），带有方位和高低驱动机构，能看到整个着陆器和附近的火星表面。

　　"火星探路者"号探测器在火星的着陆同时创下了三个第一的纪录：它是第一个没有围绕火星运行而直接在火星着陆的航天器；它是第一个在超音速（时速 1600 千米）速度下使用降落伞的飞行器；它是第一个使用类似汽车使用的气囊做气垫，以减轻着陆时冲击的飞行器。

　　航天器的软着陆，一直是航天技术中的难点之一。以前，这种软着陆一般都依赖安装在着陆器上的反推火箭减速，在着陆过程中必须精确地控制着陆器的姿态以及火箭喷气的时间和强度，最终把着陆速度减到零。这种着陆器需要装载十分复杂的控制系统，造价昂贵，而且任何小的差错都有可能造成软着陆的失败。

　　这次，"火星探路者"在火星上的软着陆，采用了一种缓冲气囊。这种缓冲气囊为着陆器穿上了一件蓬松的外衣，它附着在着陆器 4 块面板的外侧，每侧有 6 个气囊，充气后形成一个直径达 6 米多的球体。这个充气球体可以经受着陆时每秒钟 20 多米的高速冲撞，保护着陆器内部携带的仪器不受丝毫损伤。

　　这种采用气囊来缓冲着陆的设想，在 20 世纪 60 年代就已经提了出来，但是制造这种气囊的材料要求极高，当时尚找不到一种符合要求的材料。美国宇航局通过反复试验，找到了一种防弹衣材料。用这种材料制作的气囊，可以在尖利的岩石上翻滚几十次而不破。这种着陆技术的试验成功，为以后航天器的软着陆开辟了一条更加安全、简便、省钱的新道路。

"火星探路者"着陆点距"海盗"号探测器大约 800 多千米。"海盗"号探测器的探测范围只有着陆点周围 12 平方米，而"索杰纳"火星车可以按照命令在四周一个足球场大的范围内移动，工作目标是为火星地表的有趣岩石拍照并分析其化学成分。

"索杰纳"有异常灵活的 6 个车轮，特别适合在火星崎岖不平的表面行走。它可以攀爬 30° 的斜坡，越过高约 20 厘米的石块，并可侦测出过度倾斜高地并在翻车前停驶，它的工作期限是一周。"索杰纳"由美国加利福尼亚州帕萨迪纳控制中心的科学家通过一台 24 英寸屏幕的工作站电脑操纵。科学家在操纵时采用了最新的虚拟现实技术。科学家们戴着三维眼镜，可以把在火星上空围绕火星运行的轨道器拍摄的火星表面三维图像通过屏幕显示成具有深度感的立体视像。科学家可以从各个不同角度观看，操纵"索杰纳"绕过障碍物，安全地在火星表面漫游。

"索杰纳"在火星上执行指令的情况，仍由轨道器拍摄下来，传送回地球，在电脑屏幕上显示出来。科学家根据这些图像，再决定它下一步的行动。另外，"索杰纳"上还安装了 5 台激光测距仪，可以依靠它们直接侦察周围地形，及时发现障碍物，寻找没有障碍的前进路线。

按照地球上科学家的指令，"索杰纳"首先来到了离着陆点不远的一块名叫"巴纳库·比尔"的岩石附近，对它进行分析。结果发现它的主要成分是石英、长石和正辉石，与地球上的岩石非常相似，而与月球上的岩石不一样，月球上的岩石不含石英。这是科学家们以前没有想到的。

为了确保"索杰纳"小车的安全，这辆小车与地面的联系一刻也不能中断。一旦联系中断，小车会自动停止行走，直至联系恢复，重新获得地球上科学家的指令。火星距离地球 2 亿多千米，无线电信号一来一去各要 7 分钟，加上信号中转的时间，地球上的科学家对火星车行动的控制要延迟 22 分钟，所以过快的行进速度是极其危险的。7 月 9 日，小车的左后轮撞在了一块岩石上。真是祸不单行，这时地球上控制人员的操作又发生了失误，造成火星车电脑里内存信息过多，软件系统出现了故障，无法接收到地球上发来的指令。

火星上第一辆车——"索杰纳"号

你好，阿瑞斯平原

根据"火星探路者"发回的照片，火星淡红色的地表上散布着大大小小的灰色岩石，还有高约 500 米的山丘，其景象让美国人大呼：除了没有仙人掌和灌木丛外，简直就是美国西部风光的再现。

美国科学家为"火星探路者"精心选择的着陆地点名叫阿瑞斯平原。阿瑞斯平原位于火星赤道以北 19°，是位于火星北半球的一块熔岩平原。它之所以会被选为"探路者"的着陆点，是因为它符合科学家们提出的以下几个要求：首先，这个平原上有着火星各个地质年代的岩石，为着陆以后的考察工作提供了最丰富的材料；其次，这个平原海拔较低，地势平坦，并且接近火星的赤道，能为降落伞减速和雷达高度表捕获火星表面及高度测量争取时间，有利于着陆；再次，由于着陆点靠近赤道，有较长的白天时间和较高的太阳高度，可使小车上的太阳能电池板有较长的充电时间。

"火星探路者"着陆器在阿瑞斯谷谷口附近一条向外流的椭圆形河道处降落。这是一片长 200 千米、宽 70 千米的干涸河床，地势平坦，适合秒速仅 1 厘米的"索杰纳"探测车到处走动。在"火星探路者"着陆时，阿瑞斯平原正处于背对地球的一面，所以地球上的人类不能直接看到着陆的实况。但是，着陆后仅仅几分钟，绕火星飞行的"火星探路者"轨道器已把着陆情况告诉了地球，这使科学家们感到意外的欣喜，他们原以为得等待几个小时。轨道器上的摄像机把着陆景象拍摄了下来，并把着陆器的工作情况以及探测到的数据和图像都储存起来。在着陆 6 个多小时以后，轨道器把着陆器的第一批数据和图像发送回了地球。

在地球上，有蔚蓝的天空和一望无际的海洋；而在火星上，天是粉红色的，表面则是赤红色的砂尘和碎石。火星的表面就像地球上的沙漠，一片荒凉，远处可以看到山脉和丘陵。"索杰纳"上有气象探测设备，每 4 秒钟可对天气情况作一次测量。着陆的火星北半球正处在夏季，但着陆时的气温仍低达 –93℃。火星大气层的温度和气压都很不稳定，在几分钟甚至几秒钟内温度就可变化约 20℃。火星大气中没测出水蒸气，所以不可能下雨。

火星上的 1 天只比地球上的 1 天长 41 分钟，不过为了与地球上的科学家联系方便，着陆器还是以地球上的日期为准。"火星探路者"着陆器向地球发回了大量火星表面图像。这些图像，是人类第一次获得太阳系行星表面的三维彩色立体图像。

恍若美国西部的火星

　　根据"火星探路者"拍摄的阿瑞斯平原的图像，发现这个平原几十亿年前曾发生过特大洪水。其实，科学家们在 21 年前就已经根据"海盗"号的探测结果，判明火星上曾经发生过特大洪水。但是，这次找到的证据更有力——受到强大的水流冲击而堆积起来的鹅卵石，这些鹅卵石上还留下了清晰的水痕。据分析，当年火星上特大洪水爆发时，淹没的地区有地球上的地中海那么大，洪水的流量高达每秒钟 100 万立方米。火星表面的石块有两种：一种石块有尖锐的棱角，它们是在洪水过去以后因为风化而碎裂的；另一种石块就是上面说的鹅卵石，没有尖锐的棱角，它们的棱角在遭受洪水冲击时磨圆了。不过，现在的火星表面，已经一滴水也没有了。火星的土壤有 3 种：细质沙土、硬质土和粉状土。

　　根据计划，"火星探路者"在登陆后将连续工作一个月，其目的主要是研究火星地表地质的形成和结构，探测火星岩石成分与矿物特征，报告气候与大气状态。传回大量降落点的照片及火星成分和大气层的数据。

　　"火星探路者"探测计划的目的原本是一次演练，即验证整个计划是否具有可行性。结果，取得的成效大大超过了预期。"索杰纳"原来的设计寿命为 7 天，登陆器为 30 天以上。

　　然而，"索杰纳"却工作了 3 个月，是原设计时间的 12 倍多。探路者的主发射机直到 1997 年 9 月 27 日才停止工作，它的微型辅助发射机直到 10 月 6 日仍发回信号，此后才陷入沉没之中。之后科学家们经过 5 个多月满怀希望的努力，想再与索杰纳及探路者取得联系，但终于以失败告终，于是他们把当地时间 1998 年 3 月 11 日下午 1

"火星探路者"发回的降落点阿瑞斯平原景象

时 21 分作为探路者及"索杰纳"的死亡时间，这是在它登陆后的第 250 天。登陆器和火星车的寿命大大超出了科学家们的期望。

装配时的"火星探路者"

另外，"火星探路者"此行还获得了许多有重大价值的信息，信息量是原计划的 5 倍。在火星上工作的几个月里，"索杰纳"共行驶了 90 多米，分析了岩石成分，拍摄了 500 多幅照片，而着陆器的摄像机共拍摄了 16000 多幅图像，发回 26 亿比特的科学数据。这些数据需要几年的时间来分析。从已经得出的结论来看，此次计划所取得的成果可以概括为以下几个方面：

第一，使人类对火星地表景观有了直观的认识。"火星探路者"发回了数千张火星地表照片，人们从这些照片得知，火星阿瑞斯平原看起来就像地球上的荒漠；同地球一样，火星上也有山脉，有丘陵，有沟谷，甚至还有陨石坑。人们以前从来没有这么真切地观察过火星。

第二，使人类对火星岩石和土壤有了初步的了解。火星车"索杰纳"此行的主要目的就是对火星上的岩石和土壤进行探测和分析。火星车上有一台阿尔法 / 质子 /X 射线光谱仪，能现场分析岩石的化学成分，并将分析结果传回地面控制中心。到目前为止，总共分析了两块火星岩石，但只有一块岩石的分析结果传回地面。已有结果的这块岩石在化学成分上与地球上的岩石非常相似，这是科学家们事先没有想到的。据说，另一块岩石与前一块完全不同，说明火星同地球一样，也有多种不同种类的岩石。从火星车留下的车辙看，火星表面是一层虚土，下面则是坚硬的壳层。

第三，使人类对火星气候有了更深入的了解。火星当时是夏季，从测定结果来看，火星白天地表温度约零下十几摄氏度，夜晚会降到 –70℃，白天有微风。"火星探路者"在距火星地表48千米高处测得的温度为 –170℃，这是迄今记录到的火星大气层的最低温度。

第四，找到了一些支持"火星生命之说"的证据。认为火星上有生命的说法主要有两个依据：一是火星上曾经有水；二是在地球上发现的火星陨石中含有生物化石微粒。"火星探路者"拍的照片表明，几十亿年前火星阿瑞斯平原曾发生过特大洪水，证实了"海盗"号飞船的判断。火星车对火星岩石的分析表明，这块火星岩石与地球上的一块火星陨石在化学组成上具有相同的特征，这起码说明这块陨石的确来自火星。科学家认为，目前还不能断定火星上曾经有过生命。

此次火星探测计划并非一帆风顺，问题集中在通信联系上，共出现了4次通信故障。

"火星探路者"探测器造价为2.7亿美元，发射与探测预算为1.96亿美元，总成本还不到"海盗"号火星探测计划的十五分之一。

对于火星上是否存在生命的问题，科学界看法不一。美国科学家分析，在着陆的火星阿端斯平原数十亿年前曾发生过特大洪水，这本身就证明火星上曾经有过生命。英国科学界也认为，从传回的照片看，火星确实存在过生命，火星的地表条件有可能让微生物存活。但也有科学家并不过早地下结论，他们认为，单有洪流的存在并不能说明火星上有过生命，关键是要找到静止的水曾经存在的证据。迄今为止，在火星上的探测还没发现过哪里有水。因此有科学家推断：即使火星上有一些生物存在，它们也只能躲在地面深层以下。

当然，科学家们也一致认为，光靠照片研究火星地表还不能探寻出生命问题。他们希望能将一个能够返回地球的探测器送上火星。届时，人们在地球上就能研究火星上的岩石和土壤样本，从而探测出火星命运改变的原因，并为防止地球发生类似的变化而提供一些有效的手段和建议。

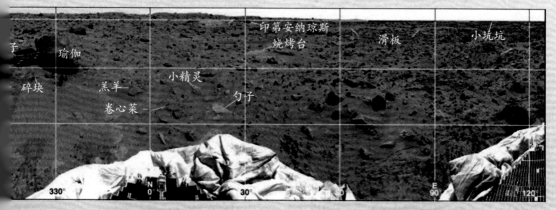

"索杰纳"要考察的目标都有一个很形象的名字

火星全球勘探

当"火星探路者"在火星表面成功软着陆时，很少有人知道，就在那时候，另一枚名为"火星全球勘探者"探测器，正带着一项比"火星探路者"更艰巨的任务，悄悄向火星飞去。

"火星全球勘探者"探测器于 1996 年 11 月 7 日发射，1997 年 9 月 12 日抵达火星轨道，成为环绕火星运行的一颗人造卫星。

火星全球勘探者

"火星全球勘探者"造价 1.54 亿美元，目的是对火星全球作高分辨率勘测，并为 1999 年 12 月 3 日在火星南极附近着陆的"火星极地登陆者"选择登陆地点。"火星全球勘探者"载有一台火星轨道照相机，可在 380 千米高空拍摄火星表面的高清晰度图像，能分辨只有几米的火星地形细节。另外，它还载有一台火星轨道激光高度计，可以用激光测量火星表面地形的海拔高度，准确度一般为 13 米，最好可达 2 米。因此，它在不到两年内取得的丰硕成果，就远远超过了前 33 年。"火星全球勘探者"让科学家首次清晰地看到有关大尘暴和火星溪谷的照片。另外，它还揭示了有关火星一个新的谜底：火星曾经拥有一个大磁场。这枚探测器重新燃起了美国宇航局对火星探测的希望。

"火星全球勘探者"使用寿命原来估计只有两年，这枚探测器持续工作了近 10 年（大约 4.8 个火星年），最后，在 2006 年 11 月 5 日失去联络，它是最成功的火星任务之一。"火星全球勘探者"向地球发回 24 万张火星照片，利用这些图像和数据，科学家们已经绘就了火星的一幅地形图。科学家说，现在我们对火星全球地形的了解，甚至比地球上各大陆的某些地区还来得清楚。

在火星地形图上，最引人瞩目的一个特征，就是靠近火星南极的一个大陨石坑。这个陨石坑的盆地深达 9 千米，把地球上最高的珠穆朗玛峰整个放进这个大盆地中，也不会露出顶峰来。大盆地的直径超过 2000 千米，与我国青藏高原差不多大。周围的环形山，高出四周地面 2 千米，一直绵延到离开盆地中心 4000 千米处。

这样大的陨石坑，应该是一颗小行星与火星撞击的结果。这一撞击掀起的尘土，若铺在我国东部地区，足以使我国的地形变得东、西部差不多一样高。可以想象，由于火星的半径只有地球的一半多一些，体积则只是地球的七分之一，这次撞击必定会使火星的南半球显著隆起，变得比北半球高得多。据计算，南半球平均比北半球高 5 千米左右。

火星上的最高山峰——奥林匹斯山也比地球上的高得多。它是一座火山，比火星表面平均高度高出 27 千米。它是太阳系内已知最高的山峰。因此，火星表面最高点和最低点之间的差达 30 多千米，是地球的 1.5 倍。

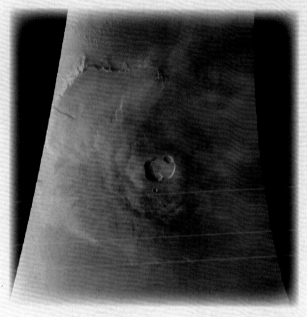

火星最高峰奥林匹斯山

与火星的南半球相比，北半球的地表明显比较平坦，主要是由火星演化最早时期的内部地质运动过程形成的。由于火星南半球比北半球高，造成了由南极向北极倾斜的地形。在大约 40 亿年前，火星上还有大量液态水的时候，水的主要流向自然受这样的地形影响，大体上由南向北流。不过，一些局部地形也表明，在这些地方，水的流向也可能不同，从而形成一些较小的内海。

据对火星两极的勘测结果，虽然两者差别很大，但是地形轮廓却十分相似。火星两极同样被冰冠所覆盖。这些冰的成分，可能是水，也可能是二氧化碳，或者两者兼而有之。如果成分全是水，则火星表面现有的水量，最多可达到地球格陵兰岛上覆盖的冰的总量的 1.5 倍。若把这些水均匀分布于火星全球，水深可达二三十米。这些水量大致等于火星古代海洋最少水量的三分之一。

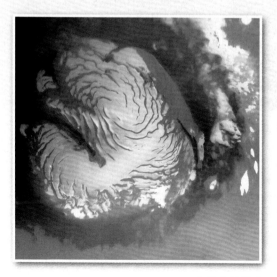

火星北极的冰

在火星的南半球，大致与上述大盆地相差180°，靠近火星的赤道处，有一个大高原。在这个高原的西北部，有四个特大火山口。火星上最高的山峰就是其中之一。从这群火山向东延伸，有一条大峡谷。这条大峡谷，深达8千米，长达4000多千米。火星轨道照相机拍摄下来的这条峡谷的照片极其清晰，其层状结构和纹理一目了然，巍为壮观。在峡谷的顶部，覆盖有一层薄薄的火山岩层。这一火山岩层看上去很坚硬。在这层火山岩的外壳下面，则有很多由于冲击和切割形成的纹理。

过去，科学家们曾经根据清晰度很低的图像，以为这一区域这样的地层是由巨角砾岩和陨石冲击产生的破碎基岩构成的。巨角砾岩是由火山喷发出的岩石经堆积和沉积作用胶结而成的一种岩石。因此，这个大峡谷应该是在一次火山大爆发中形成的，时间应在火星形成后的最初十亿年左右。那时候，火星就如地球形成初期一样，由于内部放射性元素衰变产生热能，以及陨石冲击时把动能转变成热能，使内部温

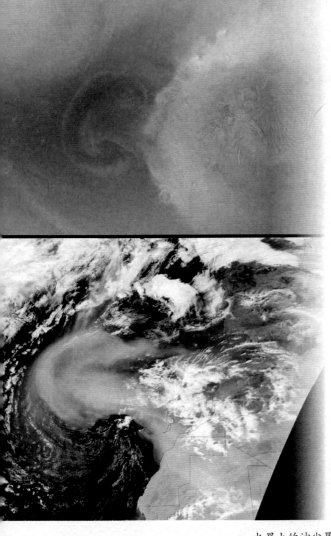
火星上的沙尘暴

度升高，熔岩流活跃，火山活动剧烈。

那么，在那次火山活动之后，火星有没有新的火山活动发生呢？这次火星轨道照相机拍摄的大峡谷图像给了科学家们肯定的回答。在这些图像中，到处可以见到水平的层状结构。这说明火星上的火山活动不只一次，而是发生过多次。

火星的地表，像月亮上一样，有很多环形山。这些环形山，实际上是由陨石冲击形成的陨击坑。由于月亮上没有大气，这些环形山没有受到风化和埋没。地球上本来也应该有许多环形山，但是因为地球有较浓密的大气层和地面水，小的陨石在进入大

气层后就成为流星烧掉了，大的陨石虽然也会形成陨击坑，可是在漫长的地质年代中，它们经过风化、侵蚀和冲刷作用，几乎把原来的面目抹平了。因此，地球上已很难找到比5亿年更古老的地貌特征。

火星介于地球和月亮之间，有稀薄的大气，有时会形成巨大的尘暴，遮天蔽地，持续数天甚至数周。因此，火星上年代久远的环形山，小的往往完全被沙尘埋没，大的也会受到风化和部分掩埋，面目有所变化。于是，通过对火星表面环形山的计数和形态观测，可以估计某一区域地层的年龄。不过，以前的一些研究，由于受到图像分辨率的限制，只能发现直径几百米的陨击坑，所以对地层年龄的估计并不准确。

火星轨道照相机拍摄的清晰图像，可以看到直径只有十多米的陨击坑，为科学家进行上述研究提供了更好的条件。科学家们在一个地区，发现其中的山谷很浅，被很厚的沙尘覆盖起来，而且小的环形山也很少见，可见其地表已十分古老，年龄大致在35亿年左右。在另一地区，也就是前面提到的那座最高的火山口内侧，它的底部可能是火星上最年轻的地表，其上的陨击坑连最小的也清晰可见，意味着它的年龄不超过4000万年。这还不到火星年龄的百分之一，说明了火星目前也还有可能发生火山活动。

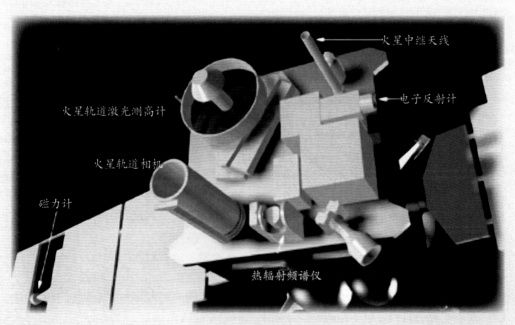

"火星全球勘探者"仪器

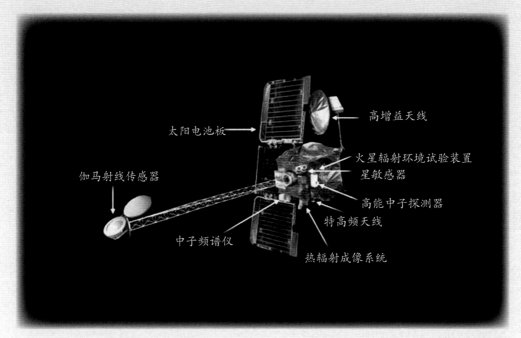

高增益天线
太阳电池板
火星辐射环境试验装置
星敏感器
伽马射线传感器
高能中子探测器
特高频天线
中子频谱仪
热辐射成像系统

"火星奥德赛"探测器

"火星奥德赛"来了

　　小说和电影《2001：太空漫游》中一个著名的预言就是到 21 世纪初，人类对于太阳系的探索将会取得巨大进步。该预言说，到了 2001 年，人类对于火星的探索早已实现，并且载人飞船已经在飞向木星。为了对亚瑟·C·克拉克的小说及斯坦利·库布里克的电影《2001：太空漫游》作出的贡献表示敬意，美国宇航局将其 2001 年的火星探测任务命名为"火星奥德赛"。

　　"火星奥德赛"，这个名字来源于荷马史诗，原意是一次长途冒险。美国宇航局使用这个名字似乎也表示了一定要完成火星探险计划的决心。

　　向火星发射探测器是需要时机的（称为发射窗口），每个 26 个月才有一次合适的发射窗口，2001 年正好是下一个发射窗口。在美国宇航局的"火星 2001"计划中，原本包含 2 个火星探测器——一个着陆器和一个轨道器。后者就是"火星奥德赛"火星轨道器。在"火星气候轨道探测器"和"极地着陆者"失败的阴影下，这次探险有一种"只许成功，不许失败"的味道。为了全力确保成功，美国宇航局根据科学家的建议，推迟了着陆器的发射（在原来的计划中二者要一起飞向火星，共同执行任务，"火星奥德赛"甚至要作为着陆器的通信中继站）。

　　2001 年 4 月 7 日，"火星奥德赛"在美国佛罗里达州的卡纳维拉尔角发射升空。

它在经过约 6 个月的飞行后，进入初始的椭圆形俘获轨道。在动力推进下飞行进入一个周期为 25 小时的俘获轨道后，在 76 天内，利用大气俘获技术到达周期为 2 小时的科学轨道。最终，轨道器在距火星表面约 400 千米高度处的太阳同步极地轨道上工作。

"火星奥德赛号"轨道器装备了三种科学仪器，用以探索火星的表面和大气层。让我们分别来了解一下：

热辐射成像系统（THEMIS）——这台仪器由一个 5 波段可视成像系统和一个 10 波段热红外成像系统组成，可以向人们提供火星的两种高分辨率图像——光学图像和红外线图像，有助于科学家更好地理解火星矿物学与火星地形之间的联系。热辐射成像系统既能用来测定火星表面矿石的成分，还能监测火星上的气温、尘埃以及冰块的数量。当太阳光射到火星表面时，不同的矿物质会散发出不同的辐射光谱，例如，磷酸盐、矽酸盐、硫酸盐和氢氧化物的红外光谱都是不同的，从热辐射成像系统收集回来的光谱数据中，

"火星奥德赛" 热辐射成像系统是一套红外线和可见光照相系统，它拍摄的可见光图像的分辨率可以达到 20 米，这些图像可以帮助科学家选择以后火星登陆的地点。

就可以测定火星表面岩石的成分，从而解开火星上是否存在水的谜团。热辐射成像系统的光谱分辨率和频谱段较低，但是却有相当高的空间分辨率。

伽玛射线光谱仪（GRS）——伽玛射线光谱仪则如同科学家勘探火星地表的铁铲，使科学家能有机会看清火星亚表层的情况。这台仪器用于测定包括氢在内的多种元素的含量，由于氢极有可能存在于冰冻状态的水里，因此光谱仪有望探测到火星表层冰冻水的痕迹。这是科学家首次在火星探测器上配备探测表层水以及矿物成分的仪器。它能探测火星表面深度 0.9 米以内的土壤中的含氢量。氢的含量能为科学家提供一些有关火星上是否存在水的证据。

火星辐射环境试验装置（MARIE）——这是一个俄罗斯研制的

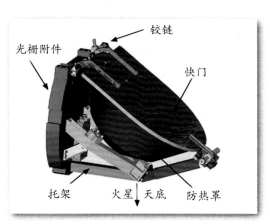

铰链
光栅附件
快门
托架　火星　天底　防热罩

伽玛射线光谱仪

中子探测仪，用来首次测量火星表面的放射物质水平，为评估航天员登陆火星时可能面临的危害提供信息。与地球相比，火星磁场微弱，大气稀薄。因此科学家推测，当宇宙射线撞击火星时，火星的地表中会释放出强度很高的中子流，这些中子在穿越火星的近地表层时会与地层中各种元素的原子核发生碰撞。

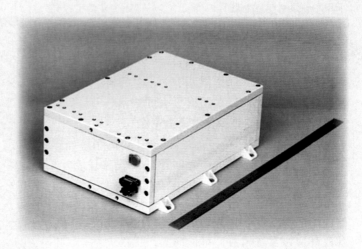

火星辐射环境试验装置

火星辐射环境试验装置已获得了四个重要信息：

第一，高能中子探测器所发回的信息证实了科学家的推测，火星地表确实会释放强度很高的中子流；第二，尽管高能中子探测器体积很小，重量仅4千克左右，但其灵敏度很高，能够敏锐地探测来自火星的中子流；第三，高能中子探测器在每次靠近火星时均发现，火星地表所释放的中子流强度多变，特别是在火星北部极冠地区中子流的变化尤为明显；第四，如果火星上有生命存在的话，那么它必须适应火星地表的高放射性环境，未来在计划人类登陆火星时也必须研究如何消除高放射性环境对人体的危害。

"火星奥德赛"对火星进行了首次大规模的地质勘测，改变了人类对火星构成的一贯看法。按照原计划，"火星奥德赛"在2004年结束寿命，但实际上，它成了目前最长寿的火星探测器。

2008年9月，美国宇航局宣布："火星奥德赛"轨道探测器已获准再工作两年时间，即到2010年9月。2001年飞抵火星的该探测器是目前在火星轨道上运行的6个探测器中服役时间最长的一个。这是它第3次进行为期两年的延寿。第一次延长一年（至2009年9月）花费了1100万美元。

"火星奥德赛"采用太阳同步轨道。延长期的新探测任务要求它逐步改变轨道，以便能在更好的位置上对火星物质进行红外测绘。变轨后，探测器将可在下午2时30分到3时而不是傍晚时分（5时左右）对火星各地进行观测。这样一来，探测器上的热红外相机就能更好地探测到温度较高的岩石的红外辐射，从而更好地分辨它们。不过，改为下午2时30分到3时的轨道会使"伽马射线光谱仪"中的一台仪器无法使用。该仪器需要采用时间较晚的轨道，以防关键部件出现过热。2008年9月30日，也就是探测器第二个两年延长期的最后一天，"火星奥德赛"上的推力器点火工作了将近6分钟，启动了其变轨过程。探测器上的推进剂供应据称足够用到2015年。

相关链接：

大气俘获技术

大气俘获技术涉及到利用火星大气层来减速并进入预定轨道。大气俘获技术取代了之前飞船变轨进入行星轨道所必需的传统推进器。如果没有这项技术，探测器将不得不携带更多的燃料。"火星奥德赛"是第3艘使用大气俘获技术的火星探测器。在此之前，只有"火星全球勘探者"（1997年）和"火星气候轨道探测器"（于1999年失去联系）曾经使用过该项技术。请不要把大气俘获与大气制动相混淆。两者虽然相似，但大气制动是利用大气的阻力使飞行器减速并最终降落到行星表面，而大气俘获技术则用于把探测器送入预定的轨道。

中国少年操纵"火星奥德赛"

美国亚利桑那时间2008年1月28日早上8点30分，赴美的15名中国"太空少年"，在亚利桑那州立大学教授菲利普·克里斯通森的带领下，参观火星研究所。大厅里陈列了各种火星探测器、火星岩石的模型，以及所有曾为亚利桑那州立大学火星研究项目工作过的工作人员的签名。

在研究中心的火星大峡谷图片前，教授问中国"太空少年"："你们觉得这个大峡谷从东向西有多长？"有人说20千米，有人说500千米。菲利普教授说，这个峡谷的长度能跨越美国的全境，也能跨越中国的全境。

下午两点，"太空少年"们终于盼来了期待已久的火星表面照片拍摄的选址工作——让"火星奥德赛"按指令进行对指定地点拍摄。15名中国中学生首先接受了培训，试着在火星全图上定位出拍摄地点，并对已经拍摄的照片进行地貌分辨和年代推断等工作。他们成功操控美国"火星奥德赛"号火星探测器，为火星拍下了25张照片，这些照片全部集中在火星的大峡谷（Grand Canyon）区域。

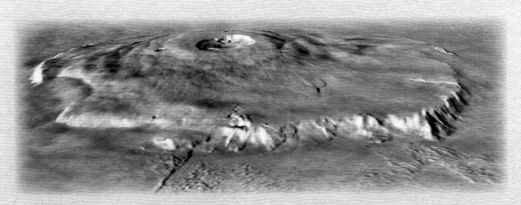

"火星奥德赛"拍摄的立体奥林匹斯山

神秘的白岩

　　白岩早在 30 多年前就得到了这个昵称。当时，科学家从"水手"9 号探测器拍摄的图像中首次发现了 Pollack 陨石坑底的这个地形特征。Pollack 陨石坑有 90 千米宽。它的坑底颜色很深，尤其是南半坑，这便是白岩的所在地。当时，"水手"9 号使用了明暗对比强烈的图像处理法，从而使白岩 (15 × 18 平方千米) 显示出明亮的白垩色。这种明亮的色泽使很多科学家认为白岩是由水带来的沉积物形成的，类似于沙漠湖泊干涸后留下的盐类沉积物。(2004 年，正是此种沉积物被美国宇航局的"机遇号"漫游车在"梅里迪亚尼平原"发现)。

　　2001 年，科学家通过研究"火星全球勘探者"上的热辐射光谱仪发现：白岩有着干燥的历史根源，并且它是由风带来的沉积物形成的。白岩上的亮块和沙脊的亮度与火星上别处的亮色沙尘地区一致，并且白岩的光谱也同样与这些沙尘地区相似，没有

　　　　这是火星表面一个不寻常的特征，被叫作"白石"。它的成因尚不清楚，但可以确认的是它与极地无关，因为它位于赤道附近。

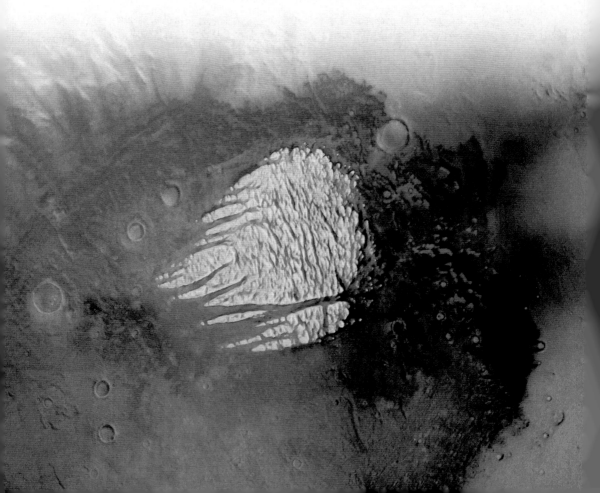

显示出任何水的痕迹。

　　"火星奥德赛"热辐射成像系统用可见波长拍摄的图片显示，构成白岩的沙脊由风雕刻而成，它们高出 Pollock 陨石坑坑底约 300 米，从而显示出深色沟渠切入亮色结构的形态。热辐射光谱仪和热辐射成像系统都可以通过测量火星表面物质在日间加热和夜间冷却的速度，确定该物质的硬度。结果显示，虽然白岩的亮色物质在颜色和光谱方面都类似于尘土，但它却不像尘土那么松散。事实上，检测显示白岩至少有一部分是固体。

　　虽然这些亮色物质以山丘和山脊的形式单独矗立，仍有许多松散物质围绕在白岩周围。在该处地形的北面有一片深色的玄武岩沙粒构成的沙丘。这些沙粒很可能是由覆盖陨石坑的火山岩风化而来。沙丘形状暗示，一些风是从东部（或东南部）吹来的。这些风可能是通过一条直接切入白岩的约 500 米宽的沟渠吹来的。然而，一些不远处的沙丘却暗示着西部的风向。

　　科学家推想，很久以前 Pollack 的整个坑底可能都薄薄地覆盖着一层从别处吹来的浅色粉末状物质。干燥的过程压实了这层物质，从而使其质地变得比尘土坚硬但比岩石松软。之后，白岩开始风化，部分化成尘土被风带走。慢慢地，白岩缩小到如今的尺寸。然而，在它的边缘上，一些外露的残留物仍然竖立在那里，犹如海上冰山。

相关链接
火星洞穴

　　2007 年，根据"火星奥德赛"发回的资料，科学家发现一座火星火山上存在 7 个疑似洞穴。发回了颜色非常模糊、几乎呈圆形的洞穴照片。研究人员将这些洞穴取名为"七姐妹"。

　　"七姐妹"位于火星最高山脉附近的"Arsia Mons"火山的斜坡上，这里是火星海拔最高的地区之一。美国地质勘测局的提姆·泰特斯说："不管是垂直的深通道还是通往大洞穴的门，它们都是火星表面的入口。我相信在火星某处的洞穴肯定是火星现在或过去生命体生存的小环境，它们有可能成为人类航天员的栖息地。"

　　白天的时候，火星洞穴的温度要比周围表面低，晚上的时候正好相反。它们的热反应稳定性与地球上的大型洞穴不同，后者经常是维持一个恒定的温度，但它们与地表深洞是类似的。但是，拿"七姐妹"作为人类的栖身之所显得过于苛刻。库欣说："它们的海拔实在是太高了，无论是用作人类还是微生物的栖息地，它们都是不合格的候选者。即使火星上确实存在过生命，它们也不可能迁居到这个高度。"

联合舰队围观

对于科学家而言，每当火星在天空中变得更加明亮的时候，也就意味着新一轮火星探险的到来。

开往火星的特快

长期以来，火星探测是美俄两国的专利，1999 年 3 月，欧洲空间局决定集中欧洲各国的航天优势，在 2003 年火星距离地球最近的一年发射欧洲人的第一艘火星探测器——"火星快车"，来探索红色星球的奥秘。

2003 年 6 月 3 日，欧洲"火星快车"在哈萨克斯坦的拜科努尔航天中心发射升空，开始了它通向火星的旅程。

"火星快车"上最为引人注目的"乘客"是"猎兔犬"2 号——由英国科学家研制的火星着陆器。之所以用"猎兔犬"2 号命名登陆车，是因为 170 多年前，自然科学家达尔文曾搭乘英国海军的"猎兔犬"号帆船进行环球考察，写出了著名的《物种

发射"火星特快"的俄罗斯火箭

起源》，为他提出进化论奠定了坚实的基础。科学家希望，它能像达尔文乘坐的帆船一样，帮助他们解答火星上有无生命存在的问题。

"猎兔犬"2 号有别于以往其他火星登陆车之处，在于它能够直接检测出是否有有机碳——生命物质的核心的存在。通过研究从火星偶然落到地球上的岩石，科学家认为，火星表面曾有水流流过。令人遗憾的是，陨石一旦穿过大气层，进入地球环境，就会被污染。从火星取样返回，也会发生同样的事情。而把实验室搬到火星上去，就可避免这种情况的发生。

按照设计，一旦"火星快车"进入轨道，"猎兔犬"2 号就会脱离卫星，用降落伞减慢其降落火星的速度。成功着陆之后，"猎兔犬"2 号会像花瓣一样打开，伸出 4

个像唱片一样的太阳能电池板，为它提供 180 天工作所需的能量。英国布勒乐队的歌曲，将作为成功降落的信号，发回地球。然后，它将轻轻地在火星表面爬行，利用大石块的轮廓来改变方向，挖掘地洞采集样品——通过那些尚未被氧化的有机物质，找到过去存在的有机体的证据。

由于"火星快车"内部空间很小，这给"猎兔犬"2 号的设计带来了困难。"猎兔犬"2 号的质量只有 33 千克，里面的仪器安放得

就像一块大怀表的"猎兔犬"2 号

非常密集，就像一个直径为 1 米的大怀表的"内脏"。"猎兔犬"2 号的大部分科学仪器安装在一个机械手上。这只被科学家称做"爪子"的机械手负责移动科学仪器对火星的岩石和土壤进行取样、分析。

有关"猎兔犬"2 号的一个趣闻是，它携带了两件由中国人参与制造的仪器，而这些仪器的原型则是牙科手术器械。

伍士铨医生是香港的一位牙科医生，他对于太空探险有着非同寻常的热情。十几年以前，伍医生把牙科医生使用的钳子加以改进，发明了能够在微重力条件下使用的部件可互换的多用途钳子。尽管有人对于由牙科医生使用的钳子改进而来的工具持怀疑态度，1995 年，和平号空间站使用了伍医生发明的钳子——这种钳子能轻而易举地抓住 20 厘米以下几乎任何形状的物体。

伍医生访问了欧洲空间研究技术中心（ESTEC）——欧洲空间局设在荷兰的一个研究机构，为他的发明寻求应用。当时，"猎兔犬"2 号的工程师正在寻找合适的岩石和土壤采样工具。最终，伍医生成为了"猎兔犬"2

"猎兔犬"2 号的大部分科学仪器安装在一个机械手上

"猎兔犬" 2 号在火星工作示意图

号计划的一部分，他与香港科技大学的科学家合作，为"猎兔犬" 2 号开发了岩石和土壤的取样设备，其中一件设备能够钻入火星岩石几厘米，从中取出未受污染的岩芯，然后供"爪子"上的仪器分析微生物存在的可能性。另一件设备有点像自行车的打气筒，能够钻入火星的土壤采集样本，它前端的设计概念也来自于牙科医生的钳子。

除了"猎兔犬"2号，伍医生发明的钳子还可能用于美国宇航局未来的火星探测计划。最初恐怕没有人会想到，在人类身上使用的牙科器械会使用在太空探险上。当被问及人类牙医和"火星牙医"的区别时，伍医生幽默地说："我要问火星人的第一件事就是：'张开嘴，让我看看你有牙齿好吗？'"

美国"火星探路者"1997 年曾在火星着陆而红极一时。这次"猎兔犬" 2 号能否一炮打响关键是看它能否安全着陆。不幸的是"圣诞有礼"的节目没有预期上演。2003 年 12 月 25 日，地面控制中心与"猎兔犬" 2 号失去联系。欧洲空间局进行了反复多次的努力，尝试接收来自"猎兔犬" 2 号的无线电信号，中间还把英国无线电天文望远镜焦德雷尔·班克、美国绕火星轨道运行的"火星奥德赛"号火星探测器都用上了，但多次努力均告失败。2 月 6 日，科学家对"猎兔犬" 2 号的情况评估后确定，该探测器登陆火星的任务已经失败。2 月 11 日，欧洲空间局发布公告，正式确认"猎兔犬" 2 号火星登陆器已经丢失。

随后，英国和欧洲空间局成立一个联合调查委员会，对"猎兔犬" 2 号登陆火星失败的原因和应吸取的经验教训进行调查。调查内容主要包括，对探测器地面检测记录和运行数据进行技术评估；对探测器开发过程中的决策过程、管理程序和不同开发阶段有关各方的协调与合作进行分析，以发现导致失败的问题和缺陷，为欧洲空间局今后的星际探测任务提供参考。

"猎兔犬" 2 号是英国电视大学牵头开发的火星登陆装置，阿斯特里姆公司参与了登陆器的设计建造，英国贸工部、粒子物理和天文学研究理事会、国家空间科学中心、欧洲空间局和威尔考姆基金会为其提供了资助。

2004 年 5 月 24 日，由欧洲空间局和英国国家宇宙中心联合组成的调查委员会，正式公布了"猎兔犬" 2 号火星登陆器在计划和组织管理上的三大失败原因。它们是：计划不周、管理不善、过于冒险和资金不足。

调查报告指出，"猎兔犬" 2 号是在"几乎不可能完成的时间内研制的"（从

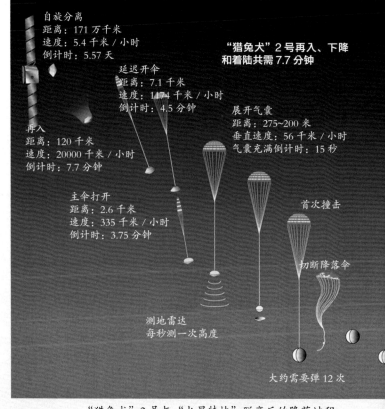

自旋分离
距离：171 万千米
速度：5.4 千米 / 小时
倒计时：5.57 天

"猎兔犬" 2 号再入、下降
和着陆共需 7.7 分钟

延迟开伞
距离：7.1 千米
速度：1174 千米 / 小时
倒计时：4.5 分钟

展开气囊
距离：275~200 米
垂直速度：56 千米 / 小时
气囊充满倒计时：15 秒

再入
距离：120 千米
速度：20000 千米 / 小时
倒计时：7.7 分钟

主伞打开
距离：2.6 千米
速度：335 千米 / 小时
倒计时：3.75 分钟

首次撞击

切断降落伞

测地雷达
每秒测一次高度

大约需要弹 12 次

"猎兔犬" 2 号与 "火星特快" 脱离后的降落过程

2000~2003 年），没有时间进行充分的试验，而且资金也严重短缺，因此从一开始就注定要失败。

2004 年 8 月 2 4 日，"猎兔犬" 2 号的研制者在英国发表一份长达 288 页的报告，报告对 "猎兔犬 2" 号计划设计和实施的各个技术环节进行了详细叙述。最后的结论是，"由于缺乏无线电、遥感勘测和图像等各方面的数据，因此无法明确真正导致 '猎兔犬' 2 号失败的技术原因。"

该项目经理、英国莱斯特大学教授马克·西姆斯在当天于英国皇家学会举行的新闻发布会上说，"与美国的 '机遇' 和 '勇气' 号孪生火星车不同，'猎兔犬' 2 号从 '火星快车' 上脱离后，就无法和地面进行信息交流。按照设计，它直到抵达火星表面才可能展开天线与地面交流。否则，我们可能会掌握更多证据。"

领导这一计划的英国科学家柯林·皮林格教授在发布会上表示，最可能造成此项计划失败的是 "天气原因"。在 "猎兔犬" 2 号登陆火星的前几天，火星上出现了沙尘暴，大气温度升高、密度降低，这很可能导致 "猎兔犬" 2 号冲进火星大气时得不到足够的摩擦力，登陆器的减速伞和缓冲气囊没有按计划打开，或根本没有打开，最终 "猎兔犬" 2 号坠毁在火星表面。

除此之外，报告中还提及了气囊破裂、仪器未正常工作、防热板破损和天线受损等可能造成 "猎兔犬" 2 号与地面失去联系的原因。

饱受批评的 "猎兔犬" 2 号消失在火星上

"火星快车"围绕火星运行图

火星极光闪现

　　虽然"猎兔犬"2号的火星探测之旅以失败告终，但是体重达2吨的"火星快车"轨道器承担了本次火星探测任务的90%，负责在环火星飞行轨道上对火星进行了地质、气象、大气等观测活动，并为其他探测器充当与地球之间的通信中继站。

　　"火星快车"造价3.5亿美元，个头儿和家用冰箱差不多，"火星快车"上携带了由欧洲各国研制的7台科学仪器，用于分析火星构造、大气和地质构成的仪器，其中由德国柏林宇航研究中心研制的摄像机可为火星拍摄高分辨率彩色三维图像。当"火星快车"到达环绕火星的轨道之后，它展开一对各长20米的雷达天线。科学家相信，这个雷达发出的低频无线电波可以很好穿透地表，"感觉"到冰冻、贫瘠的地表深处，使火星表面下的水现形。

　　火星上很少有风和日丽的景象，常会遭到沙尘暴的侵袭，尘埃甚至可能盘旋到数千米之高。恶劣的天气条件会危及火星探测器在火星表面登陆，因此提前获悉火星上的天气情况对于完成火星探测使命格外重要。为此，该局科学家借助地球上的大气循环原理与天气预报系统开发出这套火星天气预报系统。地球大气中的水是引起地球中天气变化的最主要因素，但对火星而言，大气中的尘埃则扮演了左右火星天气的最关键角色。他

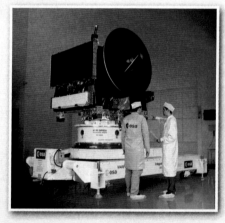

总装中的"火星快车"

们希望"火星快车"上配备的高分辨率摄像设备清晰地记录下火星上的各种天气变化情况，收集并传回更多关于火星天气情况的资料，以不断完善这套火星天气预报系统。

　　高分辨率立体相机（HRSC）拍摄时，记录了全面的空间信息，科学家们通过这些信息，制作出火山的精确三维实体模型，因而这种拍摄也叫做"立体拍摄"。拍摄的照片显示，在火星北极附近一个未命名的环形山的底部有一块水凝结成的冰。这个环形山宽35千米、深达2千米。图中位于环形山底部中央的明亮的圆型区域就是残留的冰。由于温度和压力不足以使冰融化，因此这个白色区域终年存在。科学家们判断这块冰不可能是干冰（二氧化碳），因为在拍摄照片时（火星北半球的夏季末）火星的北极

地区干冰已经消失。明亮区域（还不能完全肯定只有冰）的上部与环形山底部的距离应在 200 米，最可能是在冰层的下部有一个巨大的沙丘。事实上在冰层最靠东边的边缘已经有一部分沙丘暴露出来。在环形山的边缘也依稀可看到冰的痕迹，在环形山西北部（照片左边）没有冰的痕迹，这是因为这些区域朝着太阳的方向接收了更多的阳光。

这些彩色照片是通过 HRSC 底部镜头和三个彩色信道进行垂直拍摄的。透视照片就是从那些立体信道获取的数字地形照片组合形成的。2005 年 7 月，高分辨率立体相机已经证实有关火星上曾经有河流存在的假说。这个相机的分辨率达到了 10 米，"火星快车"利用它已经在火星上发现了成堆的冰雪，甚至有一片冰冻的海洋。

2004 年，"火星快车"号探测器的紫外线和红外线大气层光谱仪发现了火星极光的存在，但是该极光并不属于可见光波长，不能对火星极光现象进行图像描绘。科学家使用"火星快车"上的"火星大气调查和特性光谱仪"（SPICAM）和其他仪器观测到 9 次最新的极光现象，他们将这些图像数据绘制成未加修饰处理的火星极光图像。

极光在地球上是壮观美丽的景象，在地球上，极光通常在南极和北极地区出现，所形成的壮观景象让生活在极地区域的人们惊叹不已。类似的极光现象也出现在木星和土星表面，在这些行星表面，磁场与大气中的带电粒子产生交互影响，从而形成极光现象。

与其他行星不同的是，火星缺少产生行星磁场的内部构造，火星地壳的岩石区域具有一些磁性，在其表面上广泛分布着这样的磁性区域。目前，"火星快车"探测器

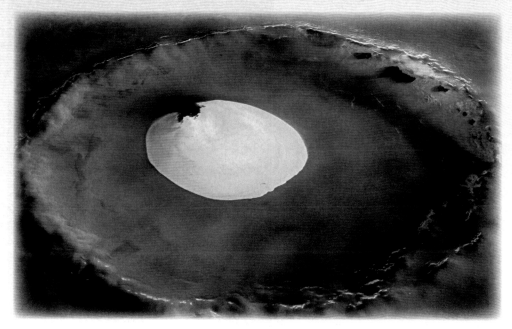

在火星东经 70.17°、北纬 103.21° 处发现的冰块

的观测数据显示，火星表面的极光类似于其他行星的极光现象，很可能是由电子等带电粒子与大气中的分子发生碰撞形成的。地球极光在可见光波长成像的重要成分是氧原子和氧分子以及氮分子，但在火星大气层中这些分子含量很低，因此无法呈现出地球上肉眼可见的壮观美丽极光现象。

"火星快车"号探测器观测数据显示在接近火星磁场的区域的极光就更加强烈。目前这项最新研究已发表在《地球物理学研究》期刊上。当前科学家们仍困惑一些问题，比如：在火星表面这些电子如何被加速具有充分强的能量产生极光现象。

"火星快车"探测器于 2010 年 3 月 3 日以 50 千米左右的距离与火卫一"会面"，这是该探测器有史以来达到的最近观测距离。"火星快车"的飞掠行动从 2 月 16 日开始，一直持续到 3 月 26 日。在此期间，它从距火卫一表面大约 991 千米的地方逐渐接近这颗卫星，并对其进行近距离观测。此次观测将为科学家研究火卫一重力场提供珍贵数据，他们可以据此推知火卫一的内部结构。

火星轨道上的极光

科学界对火卫一的起源众说纷纭，有人认为它是一颗被捕获的小行星，有人认为它与火星同时形成，还有人推测它是陨星撞击火星的产物。科学家希望通过近距离飞掠，了解火卫一表面的物理构成，从而解开它的"出身"之谜。

此前，"火星快车"虽然也曾从火卫一旁边飞过，但它们之间的最近距离从未少于 90 多千米。在该探测器接近火卫一的过程中，它所携带的高分辨率立体相机为卫星表面拍摄了清晰的彩色三维照片。

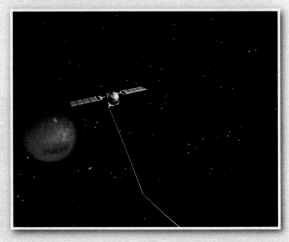

测量火星引力场

火星阴阳脸之谜

火星南北半球地貌差异巨大，构成独特的"阴阳脸"。成因一直是未解之谜。

火星南半球是充满陨石坑和沟壑的高地，北半球则是低地和平原。火星北半球的平均高度约比南半球"矮"约3000米，外壳也相对较薄。地貌上，南北半球分界线呈现为清晰可见的一条巨大曲线。

据估计，火星上直径宽于30千米的深坑数超过3000个，其中约90%分布在南半球。北半球则存在巨型陨石坑"伯勒里斯盆地"。最新计算数据显示，"伯勒里斯盆地"长约1.06万千米，宽约8500千米，面积约为月球南极巨大陨石坑艾特肯盆地的5倍，相当于亚洲、欧洲和大洋洲的面积总和。

火星全球图

20世纪70年代，科学家开始注意到火星南北截然不同的"两张脸"。此后，火星高低各半的成因一直是困扰科学家的难题。

美国3个科研小组经模拟推断后得出相同答案：小行星或彗星等外力猛烈撞击是造成火星南北差异的原因。他们的研究成果刊登在2008年6月26日出版的英国《自然》杂志上，对火星"阴阳脸"成因作出相同解释。

美国麻省理工学院和美国宇航局喷气推进实验室研究人员根据火星探测器传来的火星重力和地面参数，重构火星地表在火山形成前的状况，推断火星遭遇撞击后可能形成椭圆形陨石坑。麻省理工学院博士后研究员杰弗里安德鲁斯·汉纳说，"形状是最重要的证据之一"，北部巨型陨石坑可能形成于一次巨大的撞击。

来自加利福尼亚理工学院的研究员则利用三维模拟，测算出形成陨石坑的条件。根据他们的计算，宽1600千米的物体以2.09万千米/小时运动时，可能以与火星表面形成30°~60°夹角撞击火星，释放出相当于75~150万亿兆吨三硝基甲苯（TNT）炸药的能量。

3个研究小组均认为，鉴于只有伯勒里斯这处大盆地，火星只出现过一次"超级"撞击。

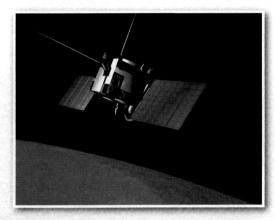

艺术家笔下的"火星快车"

撞击学说由美国康奈尔大学学者史蒂夫·斯奎尔斯和美国地质勘探局的唐·威廉斯于20世纪80年代首先提出。这一见解后来得到许多科学家认同。斯奎尔斯现在是"火星全球勘探者"的首席科学家。他说，希望其他科学家继续寻找火星撞击学说的证据，"发生撞击绝不是疯狂的看法"。

不过，也有一些科学家认为，最新研究成果虽然为撞击说提供了更多论据，但仍无法完全排除其他可能，如火星自身的地质运动。

"火星特快"上的 MARSIS 雷达探测仪新数据可以确定北半球低地壳层的年龄。雷达图像显示，在北半球一个区域可能有 10 个被埋没的碰撞盆地，其中多数在表面是看不到的。考虑到这些特征，火星北半球和南半球陨石坑的密度大体上是差不多的。如果正如这些结果所表明的那样，北半球低地壳层至少与最老的、裸露的高地壳层一样老，那么两个半球之间的差别一定是在火星地质演化过程的早期就形成了。

"火星特快"使用雷达技术还成功地探测分析了火星上最年轻和最神秘的沉积层，

这幅透视图是"火星快车"拍摄的火星奥林匹斯山山顶。图片中凹陷下去的部分，其实是一个远古火山口，它下陷的深度，虽然在照片上看来是那么不起眼，却达到了 3000 米。奥林匹斯山本身更是高达 22 千米，是珠穆朗玛峰的 2.5 倍左右，是太阳系最高的山脉。

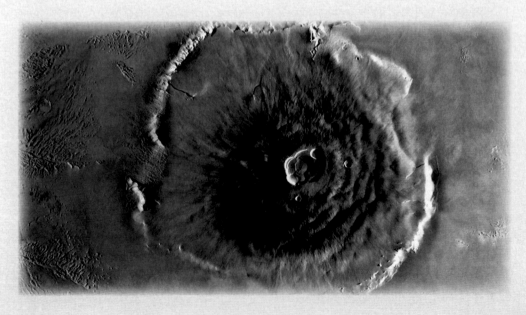

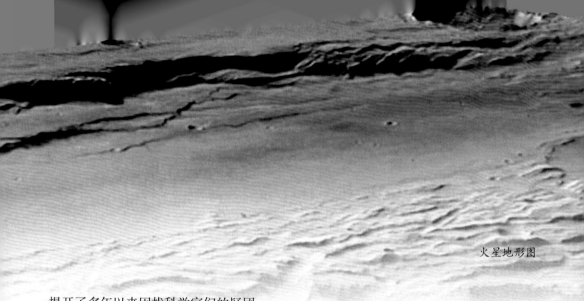

火星地形图

揭开了多年以来困扰科学家们的疑团。

"火星特快"号对梅杜沙槽沟构造 (Medusae Fossae Formation) 进行了深入分析，该构造跨越火星赤道附近的丘陵和低地之间的分界区，对于科学家而言，梅杜沙槽沟构造富有一定神秘色彩，这是由于之前的探测手段均显示该区域是"隐形的"，地球表面所常用的雷达波长发射之后，梅杜沙槽沟构造没有任何雷达反射回应。

科学家发现梅杜沙槽沟构造沉积层能够吸收 3.55~3.81 厘米雷达波长，通过这种探地雷达技术能够进一步揭开该区域"隐形"的神秘面纱。

依据最新探测数据显示，该沉积层大约有 2.5 千米厚。之前，科学家曾对梅杜沙槽沟构造的成分和起源进行了各种各样的假想和猜测，他们认为该沉积层可能是火山灰层、岩石上的风化物质或者含冰沉积物，其中含冰沉积物是当火星旋转轴倾斜旋转使赤道地区变冷而形成的。

雷达技术还揭示了梅杜沙槽沟构造沉积层的深度和电导特性，暗示该沉积层并不是由夯实的物质构成，而是由蓬松物质或灰尘物质形成的。但是科学家们困惑不解的是为什么这些被风吹来的物质会堆积数千米的高度，同时在重力的作用下这些蓬松物质为什么没被压实。虽然分析数据显示梅杜沙槽沟构造的电导性类似于冰水层，但是尚没有足够的证据显示火星赤道有存在冰水的迹象。火星表面上水蒸气压力很低，火星表面的冰都会很快蒸发消失。

"火星快车"高分辨率相机

登陆火星直播

北京时间 2004 年 1 月 4 日 15 时 3 5 分左右，世界各地聚集在电视机前的观众看到了一幅幅具有历史意义的画面，美国"勇气"号火星车在火星成功登陆约 3 个小时后，按预定计划向地球传回了首批火星照片，而这些照片直接展示在全世界的观众面前，就这样，人类第一次实现了真正意义上的星际直播——行星之间的直播，这也是人类有史以来传送距离最远——长达 1 亿 2 千万千米的一次直播。

2003 年 6 月 9 日和 6 月 19 日，美国发射了两辆"双胞胎"火星探测器——"勇气"号和"机遇"号。这次火星探测计划是自"阿波罗"登月行动以来开展的最大型远距离太空科研活动。"勇气"号和"机遇"号火星车经过 6 个月的飞行，于 2004 年 1 月到达火星轨道。2004 年 1 月 4 日和 1 月 25 日，"勇气"号和"机遇"号火星车分别在火星登陆。

这两辆火星车共耗资 8 亿美元，其主要任务是在火星表面着陆，在岩石和土壤中寻找火星上过去有水活动的线索。具体来说有四个目的：一是判断火星上是否出现过生物，是否有适宜生存的重要信息；二是揭示出火星历史上的气候特征；三是掌握火星地质特征；四是为人类今后探索火星打下基石。

看过电视直播的读者，都会对"勇气"号着陆前紧张的十几分钟留下深刻印象。"勇气"号登陆火星面临的最大挑战是进入火星大气层的最后 6 分钟。在这个过程中，得完全靠它自己来应付。当"勇气"号即将着陆时，舱内的雷达开始测高，在距离火星表面 284 米处，包裹着陆器的气囊开始充气；距火星表面 134 米时，减速火箭开始点火；距火星表面 10 米时，切断缆绳，为着陆作好准备。在着陆器撞击火星表面时，着陆器会高高弹起，由于火星的引力只有地球的 38%，气压只有地球的 1%，所以，着陆器着陆瞬间被弹起的高度有 5 层楼那么高。着陆器弹跳、滚动最远距离可能达 1 千米，大约 10 分钟后停下来。完全停止后，着陆器还要自动完成打开动作，在经过一系列自我检测后才能开始工作，这也是它 3 小时后才向地球传输照片的原因。

"勇气"号着陆器的气囊里充的是惰性气体，为什么要用惰性气体呢？是因为惰

"勇气"号登陆点——古谢夫环形山区域的全景图

性气体比较"乖"。首先，惰性气体的比重比较轻、状态稳定；其次，由于惰性气体具有良好的稳定性，因此不容易发生化学反应。在着陆器降落火星表面的过程中，经受的超强冲击力是前所未有的，为了确保着陆器的气囊顺利起到保护内部仪器的作用，采用惰性气体是比较保险的，早期的飞艇就是采用该气体充气。

"勇气"号在火星着陆后，在信号传输上有两套方案：一是用它的高增益天线，直接把信号传给地球上的"深空网"。所谓"深空网"就是美国在其本土、澳大利亚、西班牙建立的三个大型深空测控站，其地理位置大约按地球经度每隔120°一个，这样，任何

气囊确保火星漫游车安全降落

时间都有两个测控站可以测控到火星上的信号。"勇气"号的高增益天线功率足够大，"深空网"可以直接接收到它发射的信号。如果这套方案出了故障，还有备用方案，就是利用"勇气"号上的中增益天线把信号传送到"火星全球勘探者"或"火星奥德赛"这样的火星轨道器上，经火星轨道器放大后，再转发到地球上的"深空网"。由于现在的图像都是经过8倍或更多倍数的压缩后再发回来的，因此可以发回更多的数据量。正是数据传输技术的进步，使火星与地球间的星际直播成为可能。星际直播也必然有一定的延时。从火星到地球，电磁波本身要走约7分钟时间，再加上解码等数据处理的过程，整个过程会有大约9分钟的延时。

尽管对于普通读者来说这些黑白照片显得有些单调，火星上由于大气非常稀薄，里面灰尘微粒比较多，所以火星的天空是橙红色的，而它的地面是黄色的，这两种颜色在黑白照片上看上去反差不是很大，所以不是很漂亮，但实际传回的照片非常清晰，这一点有些出乎大家意料。事实上，更精彩的还在后面——这一次"勇气"号还带了一对可拍摄火星表面彩色照片的全景照相机，它们左右可以360°旋转，上下可以180°俯仰。这两台相机高度与人眼高度差不多，有了它们，火星车能像站在火星表面的人一样环视四周。

1997年，"火星探路者"为火星带去了一个微波炉大小的火星车"索杰纳"，它能够以每分钟40厘米的速度前进。而新的"勇气号"和"机遇号"看上去不仅仅是一个"索杰纳"的放大版本。

"勇气"号和"机遇"号携带了比"索杰纳"更精密的探测仪器，它的设计目标不是直接寻找水——在"火星漫游者"降落的地区，任何液态水都会在很短的时间里蒸发掉，所以不要指望它能"看到"一个湖。由于无线电指令的传递需要时间，科学家不可能实时遥控"勇气"号和"机遇"号。它必须自己对情况作出判断。

火星车上的探测仪器

与"索杰纳"相比，"勇气"号和"机遇"号每分钟能前进3米。而且，"索杰纳"必须在"火星探路者"主体的"视线"之内，不能离开太远。"勇气"号和"机遇"号就没有这样的顾虑，它可以每天在火星上行驶100米，总共可以离开最初的着陆地点1千米。由于设计寿命为1星期的"索杰纳"实际上工作了12个星期，科学家期待"勇气"号和"机遇"号的寿命能够超过预期的90天。实际上，"机遇"号探测器在登陆火星6年后仍能自行执行新任务。

2010年是"机遇"号火星探测器登陆火星的第7个年头。这个火星探测器的寿命之长出人意料，这为美国宇航局进行相关试验，为未来机器人自动执行任务提供了有利条件，2009年年底上传的新软件系统就是一个很好的例子。

这个新软件让"机遇"号探测器有了"独立思考"的能力，它的电脑可以检测火星车漫游后用广角导航照相机拍到的图像，识别符合特定标准的岩石，如圆形或者浅色。然后把窄角光景照相机对准选择目标，通过滤光镜拍摄很多图像。新软件系统叫做"搜集优先科学目标自主探索"，如果没有这种系统，导航照相机拍到照片第一次传回地球，地面工作人员要进行优先目标检测以确定下次漫游，火星车的后续观察才得以进行。

因为时间和数据量的限制，火星探测器小组可能选择在潜在目标确定之前或者检测最优先科学目标之前再次驱动探测器。火星探测器通过自选目标拍摄的第一批照片显示出一块足球大小、棕褐色、层状纹理的岩石。"机遇"号探测器认为这块特别的岩石非常符合研究人员设定优先科学目标的标准：大而且色深。

双胞胎火星车的成就斐然。如果以年度考核来说，堪称优秀。

2004年一年间，"勇气"号在火星表面行驶4千米，详细探测了1一个火星表面目标，向地球发回了3.1万多张照片；而"机遇"号也走了近2千米，详细探测了22个目标，向地球发回了2.9万张照片。

两辆火星车的最大成就，是共同发现了火星上曾经有水的证据。同时，在环火星轨道上运行的欧洲"火星快车"探测器也发现火星南极存在冰冻水。这是人类首次直接在火星表面发现水。"勇气"号还发现了一种从未在火星上见过的石头，科学家初步判断可能是火山喷发或陨石撞击的证据。

为双炮胎火星车命名的9岁小女孩

相关链接
探测器黑匣子

在接连损失了两个火星探测器之后，美国宇航局计划为今后的火星探测器安装黑匣子，以便在探测器失事时收集关键数据，作为前车之鉴。

这种特殊黑匣子质量将不超过7千克，采用超硬钛金制造，外面包一层通常用于制造防弹衣的材料，它所能承受的撞击力将比普通飞机黑匣子高3~4倍。黑匣子内部的电子元件不是安装在普通的电路板上，而是嵌在硬度极高的框架里，以提高抗撞击能力。

与普通飞机的黑匣子不同，火星探测器坠毁之后，工作人员不会去寻找黑匣子并把它带回来进行分析，而是向黑匣子发出信号，指令其把记录的数据发送到卫星，然后送往地面控制中心。

"机遇"号以全新视野打量火星"梅里迪亚尼平原"的辽阔风景

揭开"火星女郎"的面纱

人类幻想火星存在生命体已有近百年的历史了，关于火星生命体的模样有各种假想，同时科学家们也不懈地致力于探测火星上是否有生命体存在。2008年，美国宇航局公布"勇气"号火星车拍摄的照片，引起了大家的关注。一组火星地貌照片显示，一个外形类似女性的"火星人"坐在岩石上，手臂伸展，似乎在等待什么，颇像丹麦著名的美人鱼雕像。

但是，天文学家对此进行澄清：这个"神秘女郎"实际是火星上的岩石而已！

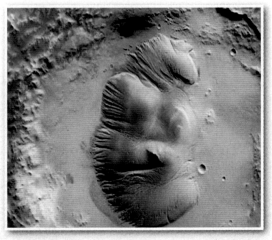

火星上的岩石

人们对火星表面物体很难准确地进行认别，毕竟火星距离地球5600万千米。目前地球上最好的天文望远镜也不能帮助科学家精确地测定火星表面特征，这也是美国宇航局为什么要向火星发送装配有摄像头的机器人进行探测的原因。

对于目前"火星女性"事件最合理的解释就是这只是人们的视觉联想，依据"勇气"号火星探测器所拍摄的图片并未显示这就是火星生命体，之前人类并不知道火星上的生命长得什么模样，只是将火星上的一些

真实的"火星人脸"

地貌图像进行联想，与地球上的生命体进行比较。事实上，如果你对"勇气"号所拍摄的图片全方位地审视，你会发现还有多处岩石看上去非常像地球上非人类的其他生命体，比如像犰狳和蛇。在图片右侧底部一角，沙子所浮现的图片看上去就非常像一只蜥蜴，它的双目很有神，还带有一个类似飞行员头盔的帽子。

据了解，"火星女性"事件并不是美国宇航局第一次声称发现"火星生命体"。1976年，一位名叫理查德·霍格兰德的男子声称在火星基多尼亚地区拍摄到一张人形面孔，并声称这是火星人存在的证据。之后这个假想得到了澄清解释——火星基多尼亚地区大

约位于火星东经 350.54°、北纬 40.75° 的地方，与地球上的阿拉伯半岛所处的位置相仿，是火星表面南部丘陵地带与北部平原地区的交汇之地。之所以将这一地区命名为"火星之脸"是因为在 1976 年 7 月 25 日，美国宇航局"海盗 1 号"人造卫星首先拍摄到了这一地区的照片，那里有一个小山丘，从照片上看就好像是一张人脸。美国宇航局的科学家们当时已经正确认识到之所以有这种假想是由于太阳光线的原因造成的错觉，照片上明暗地区的轮廓拼凑在一起就是一幅人脸的图案。

　　天文学家菲尔·普兰特说："火星上的岩石实际上只有几英寸高，经拍摄成像后就会放大，数百万年前火星风逐渐将表面岩石雕刻成各种奇特的外形，人们对 5600 千米之外的火星表面拍摄图片进行分析时，不免会发现一些奇特的岩石造型，这种岩石造型的随意性和人类的联想性就形成了所谓的'火星生命体'。"其实要证实这一事件的真实性很简单，只要对这一区域再次进行拍照即可，如果这一"火星人"的景象仍然存在，那就证实这只是人们对火星岩石产生的视觉错觉。火星生命体不可能一直保持着相同的姿态持续数周或数月时间。

这是"机遇"号火星车在火星上发现的陨石。该陨石块大约 60 厘米长，富含铁和镍。

高清时代来临

美国 Google 公司在推出 Google 地球、Google 月球后，又将服务范围扩展到火星，推出了 Google 火星服务。Google 火星是一款基于浏览器的地图工具，用户只需在页面上点击鼠标，就可以对火星有更深入的了解。Google 所使用的火星地图全部来自于美国宇航局的"火星奥德赛"探测器、"火星全球勘探者"探测器所拍摄的图片，提供了三种不同格式的火星地图，帮助用户全方位观察火星。其中包括：按照高度进行色彩编码的海拔地图、显示火星地表的黑白可视图像地图以及表征火星不同区域温度的红外线地图。在上述三种地图模式下，用户可以通过放大图像浏览火星地貌，如山脉、峡谷、沙丘和环形山。

侦察兵飞临火星

经过近 7 个月的飞行，当今世界最先进、最大的人造火星卫星——"火星勘测轨道器"于美国东部时间 2006 年 3 月 10 日进入火星轨道。启动于 2002 年的这项计划耗资 7.2 亿美元，其中探测器成本为 4.5 亿美元，是美国宇航局近 30 年来发射的最大、最复杂的火星探测器。

"火星勘测轨道器"于 2005 年 8 月 12 日发射升空。在到达火星之前，"火星勘测轨道器"在行星间航行了 7 个半月，在这段期间内，对其所搭载的科学仪器与预计进行的实验进行了多项测试与校正工作；同时，实施 3 次轨道修正。2006 年 3 月 24 日，美国喷气推进实验室公布了"火星勘测轨道器"发回的火星表面第一批高清晰照片。这次拍摄尽管以校准相机为目的，却证明了探测能力。

它上面的高分辨率摄像机（HiRISE）包含一台 0.5 米的反射式望远镜，这是深空探测任务中使用过的最大的望远镜。在 300 千米高度的轨道上，火星地表分辨率将可以达到 0.3 米。谷歌地图的分辨率约为 1 米，一般的卫星照片可达到 0.1 米。这台摄影机将可撷取

发射"火星勘测轨道器"的上面级抵达肯尼迪航天中心

三个彩色频段的影像：蓝-绿（400~600纳米）、红（550~850纳米）与近红外线（800~1000纳米）。为了寻找合适的登陆地点，HiRISE亦可产生成对的立体影像，让地形的分辨率达到0.25米。

在"火星勘测轨道器"造访红色星球后，媒体总结了它的十大太空任务。

与火星众邻居汇合

"火星勘测轨道器"(MRO)是一个迟到者，因为在它之前，

测试中的"火星勘测轨道器"

已经有好几个探测器要么在火星表面，要么在火星轨道上，执行着各种探测任务。这个造价4.5亿美元的探测器成为第4个运行于火星上空轨道的飞行器，同时也是第6个用于研究火星的探测器。美国宇航局"勇气"号与"机遇"号，正"摸爬滚打"于那颗红色星球的表面；宇航局的"火星奥德赛"号探测器、"火星全球勘探者"号探测器和欧洲空间局的"火星快车"也正在对火星进行全球扫描。

2009年7月18日，"火星勘测轨道器"高分辨率相机拍摄的火星维多利亚坑。维多利亚坑位于梅里迪亚尼平原，宽约800米。

扮演双重角色

　　"火星勘测轨道器"的初始任务为期2年：在对火星表面和大气层进行全面探测时，扫描过去和现在发现的火星上有水的证物。但它的太空任务并不会就此结束。在完成首要任务后，飞行器还将利用自身的巨大天线充当行星间电话接线员的角色，负责为未来在火星上登陆的着陆器、漫游者转发数据和指令。整个太空任务的成本预计为7.2亿美元。

寻找火星地下水

　　像"火星快车"一样，"火星勘测轨道器"利用雷达装置探测深埋于火星地表以下的冰层或者液体水。它能够发射85毫秒的雷达脉冲，穿透深度可达到1千米——实际深度取决于火星表面外壳的状况。除了寻找潜在的"水库"外，雷达装置还将记录火星上不同岩层的情况，以备地质学家研究。

确定火星天气类型

　　研究人员希望"火星勘测轨道器"能够确定火星的天气类型。在美国宇航局的"机遇"号和"勇气"号执行勘测任务中，火星上的强风和尘暴将太阳能电池板清理的干干净净，帮助它们吸收了更多的能量，它们的服役时间已经超出科学家的预期。这让科学家对火星的天气状况十分着迷。

"火星勘测轨道器"上面载有测量火星大气的仪器

将太空眼锁定火星

"火星勘测轨道器"备有 3 台摄像装置和 1 台分光仪，负责拍摄火星表面的全方位图片。高分辨率摄像机（HiRISE）捕捉更为具体的火星特征；CTX 相机能够记录宽30 千米以上的地形带变化；火星彩色影像器（MARCI）以 5 个可见光频段与 2 个紫外线频段拍摄火星影像以组成火星全球影像，跟踪记录火星表面和大气层的每分钟变化，为火星提供每天的天气预报；火星复式侦察影像分析仪（CRISM）为一个红外线 / 可见光频谱仪，提供科学家关于火星矿藏的详细地图。其精确度大约是火星轨道上其他任何装置的 10 倍。MCS 为具有 9 个频道的频谱仪，这些频段可以用来观测气温、压力、水蒸气与沙尘等级。这些测量值将会组成火星的每日全球天气图，让科学家了解火星天气的基本变量：气温、压力、湿度与沙尘密度。

大量搜集火星数据

这可能存在一定的技术问题，但"火星勘测轨道器"将数据传回地球的本事不能小视。3 米长的天线可以传送 34 兆兆位左右的数据。34 兆兆位是一个什么概念？全部数据大约是美国宇航局"卡西尼"号、"深空" 1 号、"麦哲伦"号、"火星奥德赛"号和"火星全球调查者"号在执行任务中传送数据总和的 3 倍。

"火星勘测轨道器"的天线以及所有科学仪器的电力供应，全部来自于它的 2 个太阳能电池板，这些电池板也是深空任务中所使用过的最大的 2 个。太阳能电池板由7000 个太阳能电池组成，面积为 20 平方米，电池板产生的电力大约是所需电力的 2 倍也就是 2 千瓦。

勘察火星着陆点

"火星勘测轨道器"的一个主要任务是在火星表面寻找最佳登陆点。可以利用图像寻找"勇气"号漫游车的登陆点古谢夫环形山；寻找"机遇"号进行太空矿物研究的梅里迪亚尼平面地区。飞行器的照相机、雷达和分光仪将发挥关键作用，决定登陆车的最佳登陆地点，以获得更为详细的火星资料，同时验证一些科学疑问，例如过去的火星是否拥有水资源？是否也是适合人类居住的家园？

调查火星水效应

研究人员希望，在"火星勘测轨道器"所有科学仪器的紧密配合下，能够搜集到任何与水有关的信息，无论是火星表面还是地表以下。科学家认为水是地球生命的主要组成元素。他们特别期盼可以在火星上发现地下水的踪影。这一愿望如果得以实现，火星储藏的水资源将成为决定它是否适合人类居住的关键因素——火星地表下温泉周围是否有微生物的存在？如果有的话，是现在还是遥远的过去？

搜寻"火星极地"号

"火星勘测轨道器"配备的高分辨率照相机，能够辨析 1 米长的物体，它将负责搜寻美国宇航局"阵亡"的"火星极地"号登陆车。这个登陆车于 1999 年 11 月在火星坠毁。宇航局曾进行过多次搜索，也发现了一些可能的目标，但都没有得到最终确认。

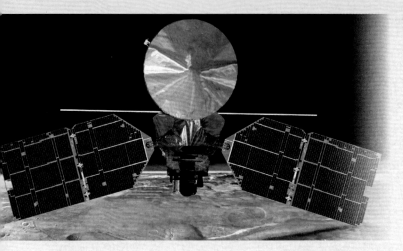

"火星勘测轨道器"获取了大量高清晰照片

演练"气动制动"

"火星勘测轨道器"开始任何太空任务前，首先必须做到慢慢地"刹车"。轨道飞行器将利用空气动力制动方法，即在飞行器掠过火星大气层时利用气动阻力使其减速，达到降低轨道高度的目的。但是，制动过程并非一点风险没有。1999 年，美国宇航局的"火星气候探测器"就在气动制动阶段神秘消失，尽管"火星奥德赛"号和"火星全球探勘者"号都曾成功的使用过这个方法。从 3 月 30 日开始，"火星勘测轨道器"预计通过数百次气动制动，最终完成最初的任务。到 2006 年 11 月，飞行器的椭圆形轨道变成类圆形。

"火星勘测轨道器"对于火星勘测起到了重要作用，它拍摄了许多壮观的火星表面图片，为科学家深入研究火星、探寻火星生命起源提供重要资料。它揭示了火星表面及表面附近在数亿年间有水的作用。火星上水的活动有可能是时断时续的，但活动范围至少是区域性的，甚至可能是全球性的。还观测到了多种水环境特征，有些是酸性的，有些是碱性的。这增大了发现火星上某些地方过去有生命存在的可能性。

该轨道探测器完成了 10000 个针对一些重要区域的观测程序。它以能分辨出房屋里大小物体的分辨率拍摄了火星近 40% 的区域，其中有 1% 的图像能看清桌子大小的物体。它还以能分辨出体育场大小物体的分辨率在矿物测绘谱段观测了火星将近 60% 的区域。此外，它还生成了近 700 幅 / 天的全球天气图、数十幅大气温度廓线图和数百幅亚表面及极冠内部雷达廓线图。所拍摄的图像中包括数百个立体像对，可用于制作详细的地形图和传统图像，从而为其他火星探测任务提供支持。

欲火重生的凤凰

通过研究从火星偶然落到地球上的岩石，科学家认为，火星表面曾有水流流过。令人遗憾的是，陨石一旦穿过大气层，进入地球环境，就会被污染。从火星取样返回，也会发生同样的事情。如果把实验室搬到火星上去，就可避免这种情况的发生。

2007 年 8 月 4 日发射的"凤凰"号火星着陆器是第一个在火星北极地区成功着陆的探测器。近年来，科学家发现火星北极地区覆盖有大量的冰，所以美国制定了以寻找水为核心的火星探测战略，"凤凰"号就是这个战略的执行者。

凤凰的本意是经过涅磐重生的"不死鸟"，这次发射的火星着陆器之所以取这个名字，寓意为它是 1999 年失败的"火星极地登陆者"和因此取消的原定 2001 年发射的"火星勘测着陆器"的复活，包含了要完成这 2 个探测器未竟使命的意思。"凤凰"号上有不少仪器都是来自这 2 个探测器，并进行了适当的改进以提高可靠性。使用已有的部件，不仅可以降低研发成本，还能节省时间。

该探测器既不爬到山丘上张望，也不下到撞击坑内去漫游，而是一个固定着陆器，它要用"爪子"对火星北部平原的含冰土壤挖掘，以寻找可能存在的水。"凤凰"号装配了机械手、显微镜电化学与电导率分析器、机械手相机、表面立体成像仪、热和演化气体分析仪、火星下降成像仪等多种科学探测工具，其中由加拿大研制的气象站是"凤凰"号上唯一专门研制的新仪器，它将对火星大气中的水和尘埃进行评定，记录火星北极每天的天气状况。

"凤凰"号面临的最大麻烦是如何能安全着陆在火星北极。自从美国"海盗"号在火星着陆以后的最近3次探测器在火星着陆，都使用气囊的方式来实现。但"凤凰"号不像"火星探路者"、"勇气"号和"机

"凤凰"号火星表面漫游示意图

遇"号火星车通过气囊着陆在赤道地区,而是靠减速推力器的制动作用着陆在富含冰块的火星北极地区。此前尝试用减速推力器着陆火星的是"火星极区着陆器",但是,由于获取的火星地形信息有误,减速推力器提前关闭,最后"火星极区着陆器"直接撞上了火星表面而四分五裂。"凤凰"号之所以不使用气囊着陆是因为其质量太大,用气囊难以保证软着陆的安全。

经过 10 个月的飞行, 2008 年 5 月 25 日"凤凰"号成功地在火星北纬 68° 的地方软着陆后,其表面覆盖着一层火星土壤。令人惊讶的是, "凤凰"号着陆器的 3 个防陷垫与西餐盘大小相当。其中一个防陷垫就显示在上面影像的右侧,影像左面板显示的是探测器在下降过程中,由"火星勘测轨道器"上 HiRISE 相机捕捉到的画面,这也是第一张关于一艘探测器下降到另一颗行星表面的影像。影像拍摄于火星上空 750 千米处,其中显示了"凤凰"号悬浮在直径为 10 米的降落伞下,背后则是黑暗的火星表面。随后,在海拔 12.6 千米的高空, "凤凰"号释放了它的降落伞。在着陆前利用反推火箭来减缓着陆速度。

采集火星表层下的冰并加以分析是"凤凰"号此行的首要任务,也是其有别于其他火星探测使命的不同之处。为此,这个由三支脚支撑的火星着陆探测器装备特殊,

"凤凰"号着陆后启动工作状态

有着一条长 2.35 米的机械挖掘臂。这只由铝、钛等金属材料制成的机器臂膀可以弯曲,末端配有可用于掘土的反铲,能够挖掘 61 厘米深的壕沟。降落之后几个火星日内,重约 350 千克的"凤凰"号开始挖掘工作,伸展机器手臂采取火星上的土壤样本。因为与地球转速不同,一个火星日比地球上的一天长近 40 分钟。

"凤凰"号的挖掘铲

科学家认为,火星北极地带有大量冰层,存在于地表 2~30 厘米之下。为此,"凤凰"号的机器手臂末端配有电钻,能够凿碎坚硬的冰层。成功取样之后,"凤凰"号就地分析火星冰样。"凤凰"号上的科学实验室即为此配备,其中类似迷你烤箱的装置是分析冰样的主要设备。

通过安装在"凤凰"号机器手臂上的照相机,科学家选择用于进一步分析的样品。经一个漏斗筛选,这些样品被分送至 8 个一次性使用的微型烤箱,每个烤箱长 1.27 厘米,直径 0.32厘米。烤箱缓慢加热冰样至 982℃,随之生成的水蒸气由一个分光计加以分析,测量其中特定分子的体积和构成。出发前,"凤凰"号经过全面消毒杀菌,以确保其采集的样品不被地球微生物污染。

冰壤

碎石块

几厘米厚的冰土壤

幸运的"凤凰"号挖到了冰

"凤凰"号上的其他仪器分析火星土壤、冰层中的矿物质,并绘制土壤中个体颗粒的结构。"凤凰"号还要探测在历史上出现更温暖、潮湿的气候条件时,火星现有的地下冰层是否融化过。如果"凤凰"号发现沉积的盐或砂,则可作为液态水曾经在火星上流过的证据。液态水是可居住环境的必要条件。

根据最初计划,"凤凰"号只需要完成 3 个月的火星探测任务。在最初 3 个月内,"凤凰"号圆满完成了基本任务,并将任务执行时间延长 2 个多月,总共坚持了 5 个多月。在这 5 个多月里,"凤凰"号开展了大量的科学研究,并取得了许多重要发现,其中包括可能存在的液态水。

　　2008 年 10 月 28 日，美国宇航局宣布，将从当天开始逐个关闭"凤凰"号火星着陆探测器上的加热器，以节约能量，让"凤凰"号在探测使命结束前完成更多工作。与预期相同，火星北半球正由夏季转入秋季。由于白昼变短，太阳能电池板收集阳光时间变少，探测器发电量降低。如果不采取措施，"凤凰"号的用电量将超过发电量，工作难以持续。关闭一些加热器和仪器设备后，"凤凰"号的寿命将得到延长，继续部分实验。结束探测使命后，"凤凰"号转为一个相对简单的火星"气象站"，通过分析仪测量火星大气层的尘埃、温度等变化。随着火星进入严冬，"凤凰"号的信号将最终消失。

　　由于"凤凰"号最初的使命只是 3 个月任务，当初的设计并没有专门考虑火星冬季严寒的气候。火星北极冬季最低温度可达 –126℃，"凤凰"号只接受过 –55℃ 寒冷环境的测试。随着火星上寒冷冬季的到来，"凤凰"号能量逐渐减少，最终被冻结，结束了自己长达 5 个多月的火星探测任务。2008 年 11 月 2 日，科学家们与"凤凰"号进行了最后一次联系。当时，"凤凰"号上所有的设备都是正常的。

地面测试机械臂

"凤凰"眼中的火星

"火星勘测轨道器"在火星轨道上担任联络工作

"凤凰"号的护航团队

由于进入火星大气层后便无法与地面进行通信，"火星极地登陆者"因故障最终坠落。幸运的"凤凰"号之所以能避免悲剧重演，是因为"凤凰"号拥有一系列着陆高技术和火星轨道上有 3 个轨道飞行器实时传递"凤凰"号着陆的全过程。这是所有火星登陆车第一次在登陆火星和在表面运行时拥有轨道通信中继能力。

在"凤凰"号即将抵达火星前，欧美宇航局就将"火星快车"、"火星奥德赛"号和"火星勘测轨道器" 3 个火星轨道器移到合适的位置，以监视"凤凰"号火星探测器着陆过程，并协助它和地球通信。

在"凤凰"号探测器进入火星大气

"凤凰"号飞向火星

层之前，正在围绕火星运转的欧洲空间局的"火星快车"利用其分光计，来测量火星大气的密度。因为火星大气的密度会影响"凤凰"号探测器进入火星大气层的轨道路线。"火星快车"还观察了"凤凰"号探测器进入火星大气层途中对大气的加热情况。自从2007年11月开始，"火星快车"小组已经在对它

"凤凰"号探测区域的地形图早已制成

进行轨道微调，以便让它在恰当的时间和位置上观察"凤凰"号探测器的着陆情况。

在"凤凰"号探测器开始向火星表面下降时，2001年入轨的火星"火星奥德赛"号探测器锁定"凤凰"号探测器上的一根天线，及时将此着陆车的信息转播给地球。科学家已经精确计算了"火星奥德赛"号的轨道位置，以确保他们能和"凤凰"号探测器沟通顺利。当"凤凰"号探测器着陆火星时，地球正好在火星的背面。

"火星勘测轨道器"姿控火箭于2008年2月6日点火，为观察"凤凰"号探测器着陆火星而调整其运行轨道。4月再一次点火。当"凤凰"号探测器着陆火星时，"火星勘测轨道器"协助记录"凤凰"号探测器的通信情况。之前，它已经给"凤凰"号探测器着陆的候选地拍照，为"凤凰"号探测器挑选精确的着陆位置，并帮助科学家了解"凤凰"号探测器着陆点的特征。

挖掘铲开动

"凤凰"号在太空航行阶段中发出信号至中继网络之间存在3秒的通信间隔，如果该探测器未能成功着陆火星表面，在着陆前发出的信号将为地面指挥中心提供至关重要的信息，直接关系到探测器的最终命运。获得实时通信是至关重要的，即使这3秒时间的延迟也会出现决定性的变化。在"凤凰"号的背壳中内置着天线装置，可通过"火星勘测轨道器"或"火星奥德赛"飞行器传输超高频信号至地面上，这种信号传输可用于紧急情况呼叫。

　　"凤凰"号以2.1万千米/小时速度冲入火星大气层。2004年"勇气"号和"机遇"号着陆火星表面时也保持着这样的速度，但是"凤凰"号的着陆标志着自70年代美国宇航局"海盗"号以来第一次"动力着陆"火星表面。

　　"凤凰"号结合了新的着陆技术，其中包括指引探测器初期进入火星大气层的"阿波罗"宇宙飞船时代的着陆软件系统。之前用于"海盗"号的降落伞设计也应用到"凤凰"号探测器上，它在距离火星表面12.5千米处将降落伞展开。探测器以超音速穿过火星大气层时降落伞会减缓其降落速度，当"凤凰"号逐渐接近火星表面，探测器上的登陆雷

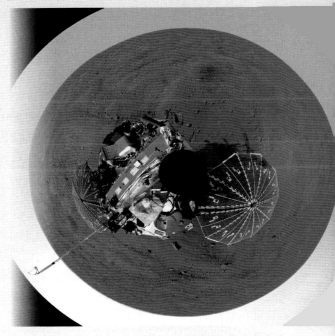

"凤凰"号下降情景

达可获得飞行高度和飞行速度数据，然后机载计算机将作出必要的着陆调整。当降落伞打开时，探测器的飞行高度可能会与预先高度存在着重大的误差，因此，登陆雷达的作用则显得至关重要，因为它可以开启并调整当前的飞行高度和方位。

　　在降落伞部署两分钟之后，"凤凰"号下降到距离火星表面0.96千米位置。在点火制动火箭之前，探测器用半秒的时间抛出放热罩，垂直向火星表面降落，此时探测器上12个制动火箭有9个脉冲调制火箭以每秒10倍的加速度迅速增强喷射，这一效应被格罗弗称为"落下的手提钻"，另外3个非脉冲调制火箭也点燃，以确保"凤凰"号的稳定降落。

经常挨打的火星

尽管太阳系的行星已经不再像过去那样经常被撞击，但是小的石块仍不时与这些行星"亲密接触"。2008年9月5日据美国太空网报道，天文学家声称，目前首次在火星上发现流星雨现象。之前火星探测器曾发现火星表面存在许多流星现象，但却未曾探测到完全的流星雨。

浅薄的火星大气层几乎无法对行星表面起任何的保护作用，因此经常遭受空间物体的袭击。火星大气层相对较薄，地表气压低至奥林匹斯山顶的30帕、高至希腊平原低点的1155帕，而基准面的气压为600帕，相比之下地球的为1013百帕；火星大气总质量为25兆吨，而地球为5148兆吨。然而它的大气标高为11千米，比地球的7千米稍大。

英国天文学家通过跟踪途经火星的彗星轨迹和对比"火星全球勘探者"7年获取的火星电离层（充满电粒子的大气层上游）信息，推测出了火星流星雨现象的存在。1997年至今，火星已有6次流星雨。虽然这项最新发现没有捕捉到火星流星雨的精美图像，但是研究光学和无线电数据上流星条纹的长度和亮度，可以确定彗核的年龄、大小和组成。

就如同地球一样，火星的流星雨是在穿过彗星尘埃尾时发生的。抵达火星上空的彗尾尘埃数量是地球上彗星尘埃的4倍，这与靠近木星的彗星数量十分接近，因此火星上出现的流星雨现象要比地球上多。探测远距离流星雨并不是一件容易的事情。出现在金星

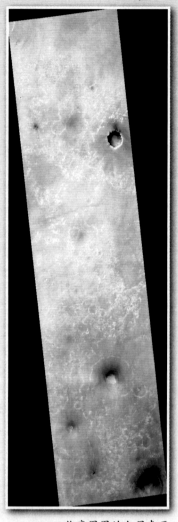

伤痕累累的火星表面

与火星之间的流星雨亮点和我们在地球上观测的十分相似。然而，我们无法直接对火星上空进行观测，只能通过人造卫星数据的筛选寻找火星大气层顶部燃料粒子的证据。研究小组通过火星全球测量卫星无线电通信系统测量火星大气层中电荷密度骚动状况，可间接地探测到流星运行轨道。通过火星探测器分别在2003年和2005年记录的两次流星事件，发现了2003年火星上出现流星雨的迹象。

一些科学家甚至将第一个探测火星的"水手"4号探测器神秘轨道变化事件归咎于频繁出现的火星流星雨。

相关链接

下雪

　　火星大气变化显著。当夏季二氧化碳升华回大气时，它伴随微量的水气。季节性、时速接近400千米的风吹离极区，卷起大量的沙尘与水气，其中水气造就了霜与大片卷云。

　　2009年2月2日，英国《卫报》报道，根据几个月前"凤凰"号火星探测器向地球发回来的信息显示，火星上有降雪现象，但这些雪花还没有落到地面上，便蒸发到薄薄的火星大气层中了。

　　"凤凰"号探测器在火星北极对大气进行扫描时发现了降雪的迹象。运转在火星上空的轨道器将接收到的信号发送回地面。这是科学家第一次获得这方面的信息。在此之前，火星还被认为是一个无水的星球。几个月来，火星轨道器、登陆车将大量有关火星的重要信息发送回地面，火星降雪的消息仅仅是其中之一。科学家通过汇总这些信息，绘制了一幅前所未有清晰的火星表面图，他们的发现均指向一个无法想象的火星历史，在这个星球上，生命曾经获得过立足点，甚至可能仍存在于火星永久冻结带的寒冷土壤里。

"火星全球勘探者"拍到的刚被流星袭击后的火星表面

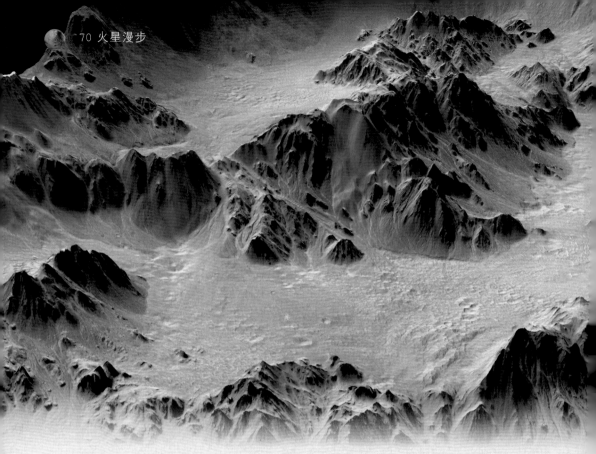

火星莫哈韦陨石坑里呈阶梯状排列的"冰墙"地形，看上去有种万物被积雪覆盖，世界末日到来的感觉。这是用"火星勘测轨道器"数据制作的数字化地形模型。

小行星的致命一击

2008 年 10 月 11 日，据英国《泰晤士报》报道，科学家发现，可能曾有一颗巨大的小行星在火星表层撞出一个大洞，破坏了这个红色星球的磁场，毁掉了火星演变为地球一样的蓝色星球的机会。

地球磁场由地核中的熔铁产生，地球磁场使冲击大气的辐射发生偏斜，从而起到保护地球的作用。为什么火星缺乏类似的磁场？科学家们一直迷惑不解，但现在，探测器收集的数据能帮助科学家找到答案。他们发现了影响火星南半球表层岩石的高强度磁异常，这似乎是曾经覆盖整个星球的磁场残留。北半球却没有这种磁异常，这暗示着火星上曾经发生过改变磁场的事情。这也解释了火星的另一奇特之处，即火星北半球的岩石比南半球的岩石更薄。

证据显示火星历史早期发生过猛烈撞击，可能这次撞击毁坏了熔化状态的核心，改变了内部循环，影响了磁场。科学家们认为，火星和地球以及太阳系的其他星球一样，都是在大约46亿年前由岩石和太阳形成过程中留下的残余物构成。随着胚胎行星越来越大，它们核心的岩石熔化、熔合，重元素（尤其是铁）沉到了中心。在放射性元素的作用下，铁保持熔化状态，并开始流动，形成磁场。

英国行星及太空科学教授莫尼卡·格拉迪说："火星曾经有过更厚重的大气，有过静态水和磁场，可能与我们今天看到的贫瘠荒凉的星球大为不同。"火星曾经有完整的磁场，只是在大约40亿年前消失了。这可能与行星撞击有关系。

科学家猜测，数十亿年前一颗直径1600千米的小行星撞击火星北半球，此次剧烈的碰撞事件使得火星出现地形学上的"分裂"——北半球光滑平坦，而南半球崎岖不平。

该小行星的碰撞地点位于"伯勒里斯盆地"，该区域变成平坦低地，其直径大小是10000千米，而南半球则变成高地，比"伯勒里斯盆地"高数英里。北部低地和南部高地之间的分界线就是"阿拉比亚陆地平原"，其奇特的地形既不是高地，也不是盆地。

2008年12月，在美国旧金山召开的美国地球物理学联合会议上，科罗拉多州矿业学院地球物理学家杰夫·安德鲁斯·汉纳称，"阿拉比亚陆地平原"是巨大小行星碰撞火星后的残骸体。经过这颗小行星碰撞之后，在火星表面上一个美国面积大小的高地出现崩塌，而现今的"阿拉比亚陆地平原"就是美国面积大小的高地分解后向北部滑脱300千米形成的。这处高地向南滑脱至现今的"伯勒里斯盆地"边缘。火星表面上最大的三个地形特征——"伯勒里斯盆地"、"阿拉比亚陆地平原"和高地地形的形成，都是在短时间内由一次突如其来的小行星碰撞造成的。

"阿拉比亚陆地平原"是通过崩塌形成的线索之一，是它的北部和南部边缘地区出现陡然斜坡，这种斜坡如同一个巨大的台阶。类似特征还出现在其他大型碰撞弹坑中，许多弹坑有着靶心型图形、同心圆或由适当坡

"火星勘测轨道器"拍摄的火卫一，位于图片右下角的就是直径约合8.8千米的"斯蒂克尼"陨坑，它是火卫一表面最大的地形特征。

度高原分隔的陡然椭圆山脊。"阿拉比亚陆地平原"与其他弹坑的共同点显示，它的形成可能源自一次小行星碰撞。另一个线索，是"阿拉比亚陆地平原"的内部边缘并不与"伯勒里斯盆地"的内部边缘连接在一起，相反"阿拉比亚陆地平原"的边缘向北偏移300千米，好像一场崩塌中断了由西向东的连接通道。

许多崩塌通常发生在表面，在数十亿年前发生的这场小行星碰撞却导致了深度崩塌。这些处在低位的地壳岩石受引力作用，更倾向于流至盆地区域，引力作用使得火星表面的岩石向盆地位置进行牵引。这就好像小行星碰撞刚一发生，地壳便向处在低位的盆地流动数百千米。

火星上的"阿拉比亚"山地的黑色沙丘和火山口

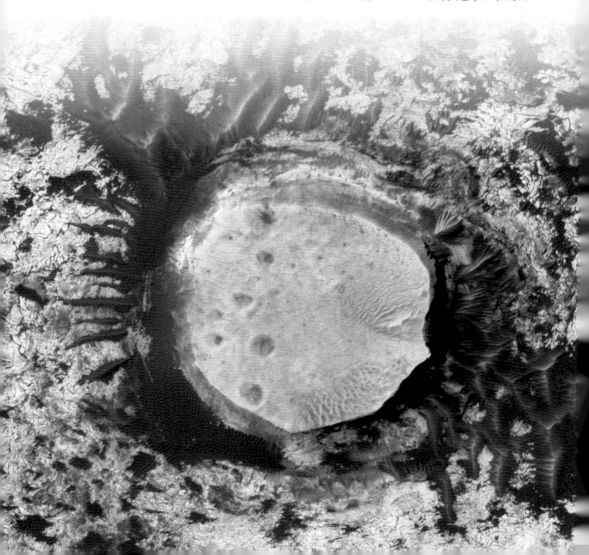

神秘的波纹沙地

　　2008年11月7日，据美国太空网报道，火星上有一种波纹状沙地的奇特地貌，它们的面积要小于这颗红色星球上的巨型沙丘，但同时又比在地球上发现的沙地大。在对美国宇航局"火星全球勘探者"号拍摄的1万多张从南极到北极的图片进行分析后，科学家对这种火星地貌的认识越来越深入。然而，这种独特的波纹状沙地的形成仍是个谜。

火星车旁的石头

　　这种与众不同的地貌特征被称之为"横向风蚀沙脊"，是由风吹动颗粒形成的，整个过程中出现的空气移动被称之为"风成过程"。风将沙脊吹成不同形状，其中包括普通波纹、叉状波纹、蛇形蜿蜒波浪、月牙以及复杂重叠的网状。科学家之所以对"横向风蚀沙脊"进行研究是因为它们能够提供火星过去和现在气候过程的线索。除此之外，它们也成为火星车在火星跋涉时经常遭遇的陷阱，"机遇"号火星车就曾陷入这种沙地之中。

　　位于亚利桑那州图森的行星科学研究所的马特·巴尔默及其同事，对"火星勘测轨道器"照相机拍摄的1万多张从南极到北极的"横向风蚀沙脊"图片进行了全面研究，以进一步了解这种奇怪的地貌特征。

　　从这些图片获取的信息如下。

　　（1）相对于火星北半球来说，"横向风蚀沙脊"在南半球更为普遍。

　　（2）"横向风蚀沙脊"是在北纬30°和南纬30°之间的一个赤道带发现的。

　　（3）存在于两种截然不同的环境中：靠近层状地形或者靠近大黑沙丘。

　　（4）在本初子午线平地（位于火星南纬2°的一个平地）和南纬陨坑较为普遍。

　　除了"火星全球勘探者"号外，"机遇"号火星车也为科学家提供了"横向风蚀沙脊"的信息。2005年，"机遇"号遭遇其中一个波纹状沙地，由于车轮牢牢地陷入沙地不能自拔，这辆火星车整整有6周时间停滞不前。从"机遇"号被沙地"扣押"的时间来看，这个"横向风蚀沙脊"应该是由大小在大约2~5毫米的颗粒物质形成的一个外层构成，外层之下是大量细颗粒和粗颗粒形成的混合结构。

　　"横向风蚀沙脊"的形成需要两个条件，一个是大量沉积物，另一个是强风。沉

"火星勘测轨道器"拍摄的火星沙丘

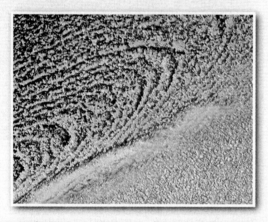

在火星极地地区，例如在北极发现的层状沉积物是由最近的气候变化——与地球的冰河时代类似——导致的。图片中的亮白区域是霜，旋涡状图案则是侵蚀作用的杰作。

积物这个条件帮助解释了为什么这种地貌特征会在沙丘和层状地形附近出现。沙丘和层状地形（由古时候的沙丘、海洋、湖泊沉积物或者火山灰层形成）为"横向风蚀沙脊"的形成提供了"原材料"。陡坡在侵蚀过程中也为"横向风蚀沙脊"形成提供了额外的颗粒。这可以解释为什么"横向风蚀沙脊"被限制在火星的中央地带，因为火星高纬度地区通常没有陡坡。

此外，"横向风蚀沙脊"的历史也已经很悠久了：层状地形附近的沙脊年代通常可追溯到几百万年前并且已处于不活动状态；大黑沙丘附近的沙脊相对比较"年轻"，可能仍处在活跃的形成和移动状态。因此，可以将"横向风蚀沙脊"作为一个界线标记，用以帮助解释火星古代气候。

除了"横向风蚀沙脊"是如何形成的外，科学家也同样不清楚到底是什么物质促成了富于变化的"横向风蚀沙脊"地带，以及为什么地球没有像火星一样存在如此大面积的地貌特征。

这条脊线位于火星北部地区，可能是由古代冰川形成的。左侧的平地布满波纹，可能是由风吹动四周的泥土形成的；右侧的平地坑坑洼洼，可能是由地冰移动形成的。

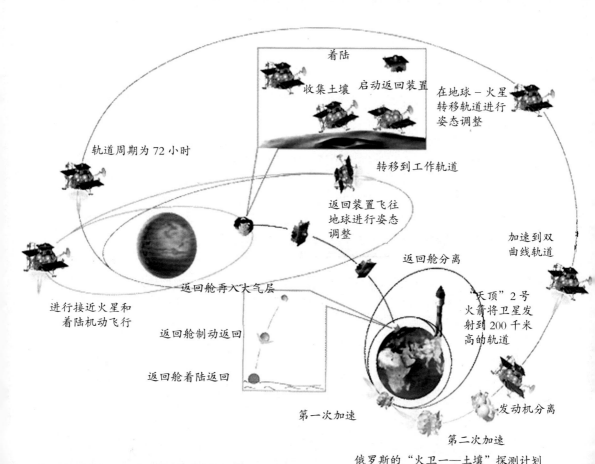

着陆
收集土壤　启动返回装置

在地球 – 火星转移轨道进行姿态调整

轨道周期为 72 小时

转移到工作轨道

返回装置飞往地球进行姿态调整

加速到双曲线轨道

返回舱分离

返回舱再入大气层

"天顶" 2 号火箭将卫星发射到 200 千米高的轨道

进行接近火星和着陆机动飞行

返回舱制动返回

返回舱着陆返回

第一次加速

发动机分离

第二次加速

俄罗斯的 "火卫——土壤" 探测计划

中俄探测器同飞火星

　　继载人航天、"嫦娥"探月后，首个中国研制的火星探测器将在更遥远的火星上空出现。此次，中国选择与俄罗斯进行合作。2011 年 10 月，中国首颗火星探测卫星将与俄罗斯"火卫——土壤"火星探测器相伴，飞赴遥远的红色星球。

　　2007 年 3 月，在俄罗斯"中国年"活动开幕之际，中国国家航天局与俄罗斯联邦航天局在莫斯科共同签署了关于联合探测火星及其卫星火卫一的合作协议。根据协议，2009 年 10 月（后因故推迟），俄罗斯从哈萨克斯坦的拜科努尔发射场使用"天顶"2 号运载火箭发射"火

2009年10月1日
从地球发射

2012年7月5日
返回地球

2011年8月4日
从火卫一升空返回

2011年4月3日
登陆火卫一

2010年9月2日
进入火星轨道

飞行路线

卫一——土壤"探测器,该探测器将搭载中国一颗重110千克的微型火星探测卫星——"萤火一号"。

"火卫一——土壤"探测器经过10个月的长途跋涉抵达火星附近,并将中国的卫星送入火星800千米~8万千米的高空轨道。在轨运行期间,卫星将展开火星空间环境、太阳风与火星磁场关系等领域的探测工作。此外,两国的探测器将联合对火星大气层进行透视,绘制大气层中水气和温度垂直分布图。

有专家指出,对于中方来说,火星任务最大的考验在于远距离测控水平。如何对3亿千米以外的小卫星进行控制和通信,将是火星探测的关键。

"火卫一——土壤"探测器与中国卫星分离后,将在火卫一上着陆。探测器的返回舱在火卫一表面进行科学实验项目,提取土壤样本,然后依靠自身的引擎返回地球。探测器的飞行舱部分则留在火卫一表面,继续对火卫一进行探测,观测火星气候状况并对火星附近的太空进行探测研究。目前美国宇航局和欧洲空间局都没有火卫一探索计划,因此俄罗斯的火卫一土壤样品提取计划是独一无二的。

俄罗斯在2015年之前分三步实施火星探测计划。

第一步,2009年10月发射"火卫一——土壤"火星探测器;第二步,2012年向火星发射探测器,绕火星进行远程探测;第三步,在第二步计划实施约三年后,实现探

"火卫一——土壤"探测器

"火卫———土壤"探测器与"萤火一号"分离后将在火卫一上着陆

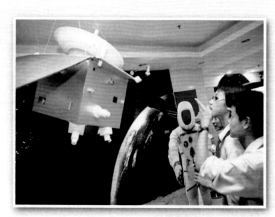

"萤火一号"模型

测器登陆火星，并使用火星车对火星表面进行勘探。俄罗斯目前还没有载人火星计划，而俄联邦航天署署长阿纳托利·佩尔米诺夫曾经表示，根据俄罗斯制定的 2040 年前太空计划，俄计划在 2035 年后开始载人火星之旅。

"萤火一号"是中国第一个火星探测计划，主要研究火星的电离层及周围空间环境，火星磁场等。"萤火一号"质量为 110 千克，主体部分长 75 厘米，宽 75 厘米，高 60 厘米。它的两侧是展开的太阳能帆板，太阳帆板展开将达到 7.85 米。主体部分载有多通道探测仪器。2008 年 4 月完成初样并公布于众。2009 年 6 月完成正样并赴俄罗斯联合测试。

水的悲情史

数百年来，人类一直在苦苦思索火星之谜，其中人们最感兴趣的一个问题是，火星上是否有生命存在？但凡有水的地方，就可能孕育出生命。根据多艘火星探测器发回的数据，证明火星在几十亿年以前，曾经水域漫布，这为火星存在生命提出了更为有力的佐证。

科学家们相信在 40 亿年前，火星在形成之后的一段时期，与地球有着同样的演化历程，也就是曾经存在海洋，有奔腾的河流和冒着浓烟的火山。对此，火星表面有大量残迹可以说明，曾因水流而形成的"泪滴"状沙洲地貌就是物证之一。另外，"火星勘测轨道器"拍摄的图片证明：火星存在地下水、潜在的海洋和热水泉，陨石坑里曾有湖泊。"机遇"号火星车在梅迪亚尼平原上找到黄钾铁矾和其他矿盐，火星上曾经有水也随之盖棺定论。

科学家依据在火星地下发现的水冰得出结论，这颗红色星球 20 亿年前也一度被液态海洋覆盖。水仍存在于火星之上的证据是 2007 年发现的，当时"火星快车"利用雷达成像研究火星两极区域。2008 年，美国"凤凰"号火星登陆器在火星上挖到了冰块，但是，这些冰块很快就变成气体蒸发了。

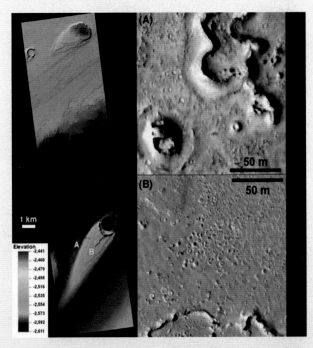

Athabasca Valles 有流水冲刷的痕迹

古代的火星很湿润

2007 年 5 月，在火星上漫游了 1200 天后，美国宇航局的"勇气"号火星探测车在古谢夫坑找到了一片富集氧化硅的亮色调表土，"勇气"号上的 α/X 射线谱仪测出，这些表土的成分约 90% 是纯氧化硅。造成这样浓密的氧化硅沉积过程需要存在有水。这说明火星的古代比现在湿润得多。

"勇气"号先前探测了古谢夫坑内的矮丘，发现那里长期有水存在的其他标志，诸如一些含水的片区、富集硫的表土、矿物的蚀变和喷发火山活动的证据。

"机遇"号火星车从火星发回了这张特写照片，图中可以看到一颗颗像"蛋糕上的蓝莓果"似的小石球，分析结果显示它们的主要成分是赤铁矿。而赤铁矿通常是在有水的环境下形成的，科学家推测，"梅里迪亚尼平面"从前很可能是一个浅湖。

产生氧化硅的一种原因是，表土在水环境中与火山活动产生的酸蒸气相互作用所致；另一种原因是，在喷泉热环境中由于水的作用。

2004 年 4 月，"勇气"号与其孪生的"机遇"号两个火星探测车完成了它们原来的 3 个月主要使命。它们虽然有老化迹象，但仍延续运行。"勇气"号的六个车轮中有一个不再转动，以致它在表土上拖动而留下一条深的拖痕。这样的拖划暴露出几片亮土，导致"勇气"号在古谢夫坑一些最大发现，包括这次的新发现。

新发现的片土已按该火星车首席研究员阿威德森提议，赋予非正式的命名"格特鲁德·韦思"——全美女子专业棒球联盟一位运动员的名字。在地球上，氧化硅是熔炼玻璃的主要原料，通常呈结晶石英状。在"格特鲁德·韦思"片土的火星氧化硅是未结晶的，没有探测到石英。

2008 年 8 月 12 日 6 月，火星不断蒸发的冰层时间推移图验证了长期被怀疑是否存在的火星水。很快，科学家发表报告称，火星曾经遍布着水，水在该行星的发展史上扮演过重要角色。

"机遇"号拍摄的火星岩石照片。这块岩石上包含一些在水中形成的硫酸盐和其他一些矿物质,这表明该区域曾经存在液态水。

这份研究报告描绘的火星上马沃斯山谷,该山谷是由火星上的水流流经火星南半球的诺亚高地形成的。地质学家发现了广泛存在的一种铁元素沉积层,至少在地球上,这种沉积层是由火山岩风化形成的,该沉积层可以支持细菌生命存在。在地球上,如果周围存在这种铁元素,就会被细菌所利用。更让人感到惊奇的是,马斯特德的小组发现了黏土矿物层,有可能是由长期水渗透过铁元素沉积层形成的。几何关系表明火星曾存在大量水。火星上有可能存在降雨现象,这种现象表明当时的环境提供了较高温度。与今天相比,过去火星上的环境与地球要相似得多。尽管不知道它是否曾有生命存在,但上面曾有湖泊、池塘、河流、降雪和冰川。

研究人员指出,这种沉积层有可能是一种地质巧合,但也认为火星上曾存在水是解释这种现象的一个答案。除了水、温暖的气候以及基本矿物,生命存在最后的一个条件就是含有碳元素的有机分子。那些碳分子很容易通过火星早期落到上面的陨石沉积获得。科学家认为陨石也将开启生命的分子送到了火星,马沃斯山谷的黏土有可能很容易与有机物结合,创造出肥沃的生命成分。主要的问题是,这些条件是否足够长期存在,直到生命的出现。如果只是昙花一现,火星不可能为复杂的化学成分提供足够时间产生生命并进行进化。但如果持续十亿年,或仅仅数亿年,火星或许会形成地球曾经的环境,一旦形成了与地球相似的环境,生命会迅速萌发。

2009 年 10 月 11 日,"勇气"号火星车拍下它前方的机械臂和周围环境。陷入火星沙地中数月之久的"勇气"号火星车车轮终于开始转动,并向地球发回了关于火星的最新探测报告。转动的车轮刨开了火星表面的一块地层,发现了大量的松软硫酸盐物质。科学家们认为,这些发现证明了火星历史上曾经存在水循环。

"勇气"号火星车已经在火星上漫游了 6 年时间,经历了无数次的风险和磨练。自 2006 年它的右前轮出现故障以后,这辆太阳能动力火星车的性能已经开始有所退步。对于"勇气"号来说,最大的挑战开始于 2009 年 4 月。当时,"勇气"号正位于一个火星陨坑的边缘区域。这是一片松软的泥沙地,该地区被科学家们命名为"特洛伊"。"勇气"号车轮陷入"特洛伊"沙地中,从此动弹不得。

数月来,科学家们一直在尝试各种办法帮助"勇气"号脱困,然而他们一直未能取得成功。这次"勇气"号车轮突然重新开始转动,科学家们感到非常意外。

"勇气"号车轮刨开了一块黑红色的坚硬地壳,硬壳大约有 2.54 厘米厚。硬壳之下,露出了松软的含沙物质。当"勇气"号开始尝试摆脱困境时,它的车轮又搅起了更多的含沙物质。这些物质含有高浓度的硫酸盐，比在火星上其他地区所看到的物质中硫酸盐的浓度要高得多。

硫酸盐矿物质是火山爆发的证据。此外，火星车还发现硫酸盐矿物质的上部就是坚硬的地壳。在数百年间，随着火星轨道的变化，火星的气候也在发生变化。气候的变化引起了表面的硫酸盐物质形成了这种坚硬的地壳。火星轴的倾斜角度能够发生极端的变化。当火星轴非常倾斜时，它面向太阳的一极在夏天就会变得越来越温暖，从而将水分以雪的形式转移到赤道地区。温暖的土壤会导致底层的积雪融化，雪水流入硫酸盐中，从而将其分解成水溶性硫酸铁，而保留下来的硫酸钙则在表面形成了坚硬的地壳。

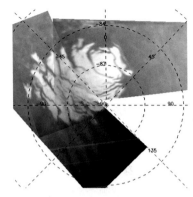

"火星快车"发现火星南极有三个不同的区域都含有冰块。这是火星南极的冰盖，这些冰盖至少有方圆 400 千米，主要由干冰组成。

火星南极的冰湖包含水冰和干冰（二氧化碳）

"火星勘测轨道器"对哥伦布陨坑边缘的一个近距离特写。黏土层和硫酸盐层在哥伦布陨坑中形成了一个明亮的"浴盆圈"。众所周知，这些含水矿物质通常只有在有水的环境中才可以形成。

曾有三分之一覆盖海洋

　　2009 年 11 月 25 日，北伊利诺斯大学和美国宇航局的科学家认为，火星曾有三分之一的表面被海洋覆盖。

　　研究人员利用新软件对火星表面进行分析，进而得出了这一结论。他们找到了很多溪谷，绘制成迄今为止最为详细的火星溪谷图。1971 年，"水手" 9 号首次在火星上发现溪谷，这些溪谷是由河流网造成的。通过这项研究发现，溪谷的覆盖范围比以前绘图得出的结果大 1 倍多。这些溪谷位于赤道和中南纬度之间的狭长地带。

　　这些专家认为，他们已经标出曾从这颗红色行星南部高地流向北部海洋的河流的路径。该迹象表明，数十亿年前，火星的大部分地区都是干旱的大陆性气候，跟地球上更加干旱的地方非常类似。这颗红色行星上经常下雨，雨水流入河流，最终汇入海洋。火星历史早期的这个潮湿阶段可能大大增加了它上面孕育生命的机会。

　　火星全球溪谷网络图是利用卫星图像手工绘制的。下面这张图显示，火星上的溪谷网比地球上的更加稀疏，研究人员怀疑它们是由河流的径流侵蚀形成的。因此他们提出另一种解释——"地下水基蚀"，根据这一理论，水从地下喷出或渗出，产生侵蚀，

火星曾经是一片汪洋

形成河谷。

这张新图是利用卫星数据进行电脑分析产生的，该图显示，火星一些地区的溪谷网的稠密度几乎跟地球上的一模一样。

科学家在《地球物理学研究杂志：行星》中写道，带状溪谷网模式可以解释是否火星北部曾存在一个较大的海洋。火星表面的最大特征是：低地几乎都位于这颗红色行星的北半球，高地几乎都位于南半部分。科学家认为，火星北半球可能曾存在浩瀚的海洋，这里至今仍是低地。

"火星快车"拍摄的火星极地

但那次发现只回答了"是"与"否"的问题。

而这次发现则进一步回答了火星上到底有多少水，存在状况如何，以及是否达到了足以孕育生命的程度。据华盛顿大学地球与行星科学专家雷·阿维德松介绍，科学家通过对欧洲空间局的"火星快车"送回来的数据研究分析，发现梅迪亚尼平原上厚达300米的岩石是在水中形成的。研究还发现，该平原表面曾经有很长一段时间里河流遍布，万里之内皆为平湖或浅滩。而这种情形与我们的家园——地球十分相似，这里孕育生命不足为奇。

或许有人对火星上曾经水域漫布的说法嗤之以鼻，认为这不过是科学家的夸夸其谈，但实际并非如此。科学家从三个方面证实火星水域漫布的结论并非是无稽之谈。

"水域漫布"第一证据：峡谷。说到火星上的峡谷，我们不妨先来想象一下地球上的峡谷是什么样子吧！山泉叮咚，树木茂密，花草繁盛，一派生机勃勃。科学家在火星上相似矿物集中的地方也发现了一个峡谷，像一条长长的"疤痕"，名为马力内尼斯峡谷。这个峡谷比美国大峡谷还要大。令人兴奋的是，图像显示它是被流水冲出来的。试想一下，冲出这么大的峡谷，需要多大的水，又需要多长的时间？所以，科学家认为火星上曾经水资源丰富，而且持续时间还比较长。

"水域漫布"第二证据："风化地形"。科学家在认真校准了飞行器发回的信息后，发现火星表面上遍布"风化地形"。尽管探测器只能对其中很小一部分进行检测，而且通常只是地表以下几英寸或几英尺的岩石，但根据检测结果证实，这些地形上曾覆盖着浅湖，或者地下曾有过蓄水层。科学家猜测，30亿年前，风化作用加剧，地表水分全部流失，火星才会变成今天这个"干巴巴"的样子。但科学家相信火星地表之下

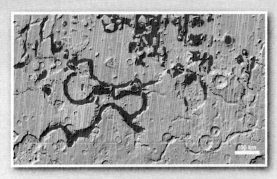

火星中纬度地区的冰川

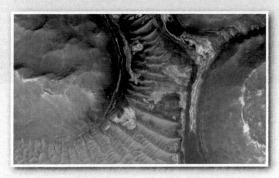

"火星勘测轨道器"拍摄的火星表面照片

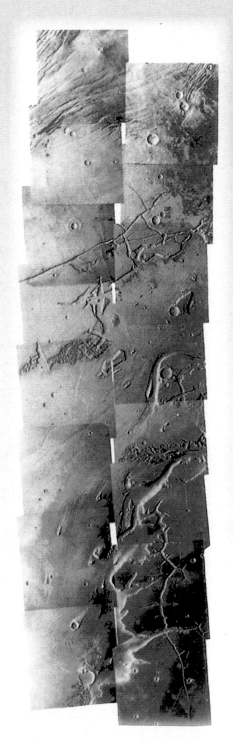

一定潜藏着暗流。

　　"水域漫布"第三证据：矿藏。火星上富含各种各样的矿藏，它们是历史最忠实的记录者，因为它们的成分上亿年都不会发生什么变动。所以科学家把目光瞄向了这些矿藏。他们在"机遇"号撞击的弹坑中和其他矿藏中发现了黄钾铁矾。这是一种只有在有水的情况下才能形成的物质。

　　科学家对此进行了这样一番解释：几十亿年前，矿石在一片水世界中慢慢生成。后来水不断蒸发，千沟万壑逐渐干涸，这些矿藏就暴露在了地表上。

在火星照片拼图上可清晰地看到流水痕迹

地下有冰冻海洋

2005 年 5 月 22 日，一个国际科学家小组通过对欧洲"火星快车"探测器搜集的数据分析发现，干燥的火星表面可能会发现其历史上曾有足以支持生命的环境。科学家们分析，以大块浮冰形式存在的冰冻海洋可能正好就在火星地表下面。

参加这一研究的科学家来自美国、法国、意大利、德国和俄罗斯，他们在《科学》杂志网络版上共发表了 6 篇论文。该小组透露，欧洲"火星快车"的高清晰度立体照相机拍摄的照片显示，"板块"似的地面构造看上去与地球两极附近的冰构造相似。

"板块"位于火星赤道附近，可能有一层火山灰 (也许有几厘米厚) 覆盖在冰层上，使之不会被太阳光融化。这可能是科学家首次在火星极地冰冠以外地区发现大面积的水。此前，美国宇航局"火星奥德赛"火星探测器 2002 年对氢原子进行了远距离观察，发现冰冻水可能被"锁"在火星的极地冰冠地带。但这些证据并不十分可靠，因为信号可能来自于过去暴露给火星水的矿物质。

研究小组推测被覆盖的冰冻水面积大约是长 800 千米、宽 900 千米，平均深度达到 45 米。研究人员试图找到地下冰冻水的可能历史。最初，地下冰冻水是漂浮在火星海面的大块冰。后来，冰层上面覆盖了火山灰，这使得它不至于升华到薄薄的大气层中。接着，冰块分解成小块，随海水漂流，然后成为冰冻水。所有没有受到火山灰保护的冰块都升华了，只剩浮冰"板块"幸存下来。

"凤凰"号探测到土壤中由二氧化碳或者水形成的霜

火星上除了冻结的水外，还存在干冰（二氧化碳冻结而成），能够塑造和重新改造火星地貌。从左侧起依次是：冰碎块，由于被太阳加热，从北部冰帽的悬崖上滚落；漩涡状尘暴在南部解冻的沙丘表面留下的轨迹；消退过程中，极冰在地面侵蚀出圆齿状脊；在北部的春季，沙丘钻出"霜毯"；星暴图案是在冰融化成气体并不断扩散时形成的，在此过程中形成的沟槽呈放射状向外伸展；冰从固态变成气态时产生的气羽流顺风飘散。

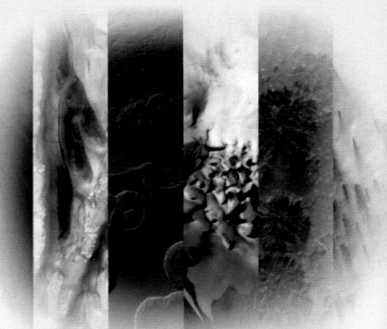

但这种理论也面临着一个问题，那就是今天的火星大气层中几乎没有水蒸气。如果如科学家所推测的那样，浮冰在相对较近的历史上曾有过升华，那么火星大气层就应该有水的一些痕迹。

2009年11月30日，美国科学家经过研究发现，火星上曾经存在一个面积约为美国密歇根湖大小的湖泊，湖泊大概位于哥伦布陨坑内。

"火星勘测轨道器"的最新照片显示，哥伦布陨坑中存在含水矿物质交替层，这些含水矿物质包括黏土和硫酸盐等，这些都是只有在有水的情况下才有可能形成的矿物质。科学家们认为，这一发现意味着哥伦布陨坑或许是研究火星上远古湖泊化学成分的最佳地点。

哥伦布陨坑位于火星南半球，是火星上众多远古陨坑之一，其中一些被认为可能曾经存在水体的陨坑也被称为"化石湖泊"。通过对火星陨坑中干涸的沟槽和陨坑壁中存在的层状沉积岩的分析，他们已经在火星上众多陨坑中识别了数百个可能的"化石湖泊"。

哥伦布陨坑大约形成于46~35亿年前的诺亚时期。科学家们认为，在诺亚时期，火星上存在一个较厚的大气层。大气层可以捕获足够的热量使其表面的水体保持液态。那时，火星上应该是一个温暖、潮湿的环境。不过，随着时间的推移，太阳辐射使得火星表面的大气层慢慢消失，于是火星表面形成了如今寒冷、干燥的环境。

美国康乃尔大学科学家詹姆斯·华雷带领一支研究团队负责此次研究。研究团队利用近红外分光仪对哥伦布陨坑中的矿物质进行分析，他们明显发现了黏土层和硫酸盐层。近红外分光仪就是根据所观测物质对光线的吸收和辐射的波长来进行分析的。科学家们的发现证明，哥伦布陨坑中可能存在一个大型的湖泊，但后来该湖泊因为缓慢蒸发而渐渐消失。哥伦布陨坑中的湖泊可能形成于附近的塔尔西斯山群地区的火山

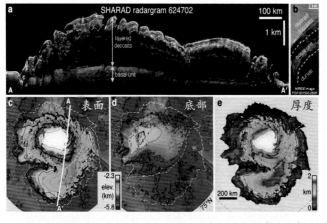

火星北极冰层雷达分析图

喷发时期。如今，塔尔西斯山群地区的火山已经是死火山。

华雷解释说："当火山喷发时，大量的熔岩堆积于火星表面之上，使得火星表面变形，进而造成地下水位抬高。地下水位的升高，又引起部分地下水喷涌而出，汇入现在的陨坑之中，形成一个巨大的湖泊。"

哥伦布陨坑中的矿物质类型表明，至少在湖泊形成的初期，湖水是适合生命存在的。陨坑岩层中充满了石膏，这通常只有在淡水中才可以形成。这也就意味着该湖泊最初并不是咸的，这对于生命来说是一个好事。水中含有太多的盐分对于生命是有害的。

当然，科学家们仅仅通过新照片还不足以辨别湖泊中的水分是否适合生命存在，也无法判定这种液态水是否会快速冻结。不过，即使在一个冰冻的湖泊中，地下的热量也可以使得冰层之下存在一定的液态水，生命还是有可能存在。

火星曾存在过海洋，那么这些水跑到哪去了呢？要明白无误地回答这个问题，现在还没有掌握足够的资料，但是作为回答之一，在火星的极冠至少存在冰。

在火星的南北极存在着冬季形成的季节性极冠，以及长年存在的极冠。季节性的极冠是由大气中的二氧化碳凝结而成，而长年存在的极冠主要是由水冷凝而成。火星北极冠直径1000~2000千米，厚度为4~6千米，扩展至北纬75°附近。南极冠要小得多，直径为300~700千米，厚度为一两千米，位置在南纬86°以上。据认为，极冠之下是作为永久冻土的冰层，冰的总量如果折合成水的话，可以覆盖整个火星表面，水深达6~500米。

火星上存在如此大量的冰的事实是极令人吃惊的。尽管没有资料说明火星表面存在液态水，但是火星与地球相似，自转轴是倾斜的（地球自转轴的倾角是23.5°，火星自转轴的倾角是25.2°），因此一年中有四季的变化，极冠冰盖的周边部分将会或溶或冻。根据"海盗"号的观测，发现过火星地表的霜降，也就是说，在这种时候暂时存在液态水，由此可以推测某种生物也许至今仍能繁衍。

火星水可能被封存在地表下

揭秘火星神秘盐

2008年8月5日，美国宇航局太空网报道，"凤凰"号火星探测器掌握的最新数据显示，与最初得出的结论不同。

7月，"凤凰"号的显微、电子化学及传导分析仪对两份土壤样本的分析发现，火星土壤可能含有高氯酸盐，这是一种强氧化物，可创造一种不利于任何潜在生命的恶劣环境。这一新发现与显微、电子化学及传导分析仪的第一次分析结果不同，第一次分析结果显示火星土壤在几个方面与地球土壤相同，包括它的pH和所含的矿物质都与地球类似。

热力与先进气体分析仪可在微型烤箱内烘烤火星土壤样本，分析从这些土壤中挥发出来的水气，以确定土壤成分。显微、电子化学及传导分析仪的湿化学实验是将火

"火星勘测轨道器"在伊西底斯陨坑盆地的边缘发现了各种矿物质

火星碳酸盐岩石

星土壤样本和从地球带来的水混在一起。烧杯内表面的传感器起着类似"电子舌头"的作用,"品味"土壤检查可能溶入水中的盐。这些传感器还可检测土壤表层的pH值。所有这些数据让科学家们了解了火星土壤表层的概貌以及火星过去是否适合生命存在。显微、电子化学及传导分析仪的第一次分析显示,火星风化层中含有好几种生命所必需的可溶矿物质,包括钾、镁和氯化物。土壤表层呈碱性,这种土壤在地球上适合某些植物的生长,如芦笋。

但是,高氯酸盐既有不利于生命体的一面,又存在着对生命体有利的另一面。

高氯酸盐可能在调控火星大气层和表面的水资源具有重要的作用,其原因在于它能够吸收水分。"凤凰"号着陆的火星北部平原具有非常吸引人的显著特点——仅在表面以下几英寸位置就存在着冰水层。火星土壤中含有大量的高氯酸盐,其表面土壤之下就存在着冰层,如果高氯酸盐和冰混合在起,很可能会形成盐水。

高氯酸盐在土壤中的存在以及与水产生的交互作用,也暗示着火星可能存在着微

"勇气"号也找到了冰层

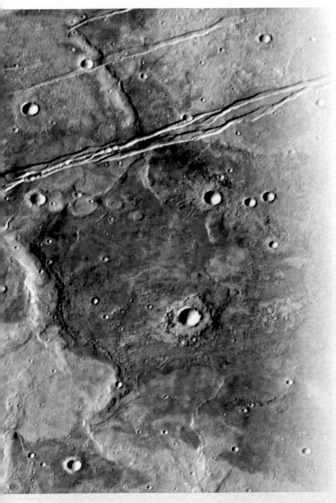

"奥德赛"发现的氯化钠

生物。高氯酸盐可作为烟火燃料和火箭推进剂。在高温环境下，高氯酸盐是一种具有"强侵略性的氧化剂"，但由于火星非常寒冷，它不可能威胁生命体。事实上，高氯酸盐可作为微生物的能量来源。

搞清楚高氯酸盐从何而来以及它如何沉积在火星表面是摆在"凤凰"号探测器科学家面前另一个难题，虽然地球上也存在着高氯酸盐，但它仅存在于非常干燥的区域，比如，位于太平洋和安第斯山脉之间的阿塔卡马沙漠，以及大气平流层。火星也接近以上区域的干燥性，依据地球上高氯酸盐的分布性将有助于理解火星高氯酸盐的来源。

目前，科学家并没有完全理解地球上高氯酸盐的形成机理。有人认为大气层中的高氯酸从空中降落，与地面上的硅酸盐发生反应形成高氯酸盐。但是，并不知道氯气如何在最初发生反应形成高氯酸进入到大气层。

从平原吹来的海洋喷雾，可为阿塔卡马沙漠提供氯气，此外，当火山爆发时火山将喷射出氯化物。当然火星表面目前并没有任何海洋，火星只有火山喷射物和包含氯化物的矿物质。

地球的臭氧层发生反应形成高氯酸，对于火星大气层是否也是这样目前尚不清楚。但是高氯酸盐仅普遍存在火星较低温度、低纬度地区，而在地球正是低纬度地区，其臭氧浓度越高，可以加速高氯酸的形成。

令人感兴趣的是，"海盗"号火星探测器在其着陆点也探测到氯气，该地点比"凤凰"号着陆点更接近火星赤道。也许，当"好奇"号"火星科学实验室"探测器发射后，我们将进一步勘测火星更多的中纬度地区。

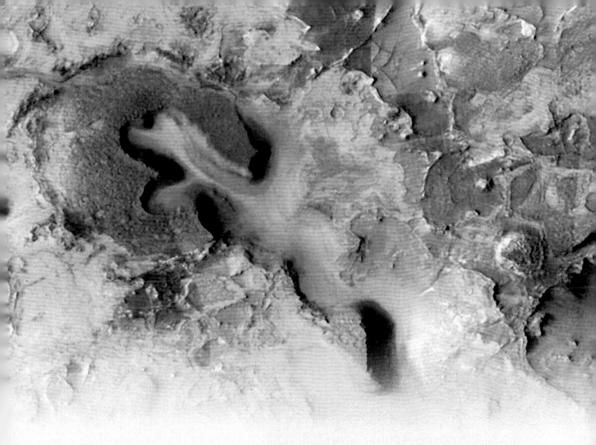

　　火星"尼利—福萨"一带的碳酸盐。在图像的右下角，一小片无遮蔽的岩石呈现出绿色，而最高处的岩层则呈现出紫色，中间则环绕着带状的黄色岩层。根据对光谱的分析，埃尔曼得出结论，这些岩层呈现不同色泽，是因为含铁和镁的火星黏土和水发生反应才呈现出来的。

相关链接
能活 50 万岁的细菌
　　2007 年 8 月，一个国际科学家研究小组宣布发现了一种古老活细菌，可以在冰冻、严酷的环境下存活近 50 万年。这是迄今为止发现的最为古老的活有机体。这一发现将有助于人们更好地理解细胞老化以及探讨火星上存在生命的可能性等。

　　领导这个科研小组的哥本哈根大学教授埃斯科·韦勒斯利表示，这种古老细菌是活的，包含有活性的 DNA。他说："这种细菌可以在 50 万年前环境恶劣的地球上生活，这表示它很可能在火星上也能存活很长的时间。"

　　研究人员分别在加拿大北部地区、西伯利亚和南极洲永久冻结带地下 10 米深的地方收集了微生物并进行检测，然后发现了这种年代超过 50 万年的古老细菌。韦勒斯利和同事从这种细菌的活细胞中分离出了 DNA，并与大容量的基因信息库中的 DNA 作了比较，从而准确地确定了该种细菌 DNA 的进化位置。

　　科学家早就知道，随着时间的流逝，所有的活细胞最终都会消亡，DNA 也会碎成片段。但是研究人员所收集到的一些细胞 DNA 却能在很长时间内保持完好。这证明这些细胞能更好地延迟老化和死亡过程，其中甚至有些有机体还具有再生能力，可以修复损伤的细胞。这些微生物即便没有食物也能活很久，但是具体存活多长时间有待研究。

　　大多数科学家认为除了地球，太阳系的其他行星没有生命存在，但这次发现的微生物竟能在如此恶劣的环境下存活如此长的时间，而火星上温度更低、更稳定，因此，火星上可能更适合这类生命存在。

20 亿年前的 "猫眼石"

　　虽然有很多条件被认为对生命在一颗行星或者月球上出现非常重要，但是我们知道，水是生命必不可少的一个因素。因此，科学家一直在努力通过各种任务，在火星上寻找水迹象，以便回答这颗红色行星是否适合居住的问题。虽然现在的火星非常干燥，但是科学家清楚，火星表面上一些看起来像溪谷、河床和湖床的地表特征，可能说明这颗红色行星表面曾经也是流水潺潺。但是，什么时候火星上存在流水，是否这里适合生命居住，是否这些地表特征只是由降雨、冰雪融水或者地下水形成的等问题，在 "凤凰" 号、"火星勘测轨道器" 和其他任务的帮助下，现在，至少已经找到了部分答案。

　　最初的证据显示，在火星长达 45 亿年历史的前 10 亿年或者更久一些的时候，这颗红色行星上的大规模降雨、洪水和其他水体活动结束了。

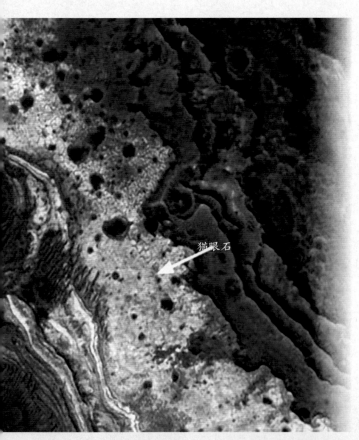

猫眼石

"火星勘测轨道器" 上的紧凑型勘测成像光谱仪 (CRISM) 发现了俗称 "蛋白石" 或 "猫眼石" 的水合二氧化硅。

　　2008 年，"火星勘测轨道器" 上的高分辨率科学实验成像仪发现浅色沉积物，暗示这颗行星在长达 10 亿年间一直保持着潮湿环境。

　　2008 年 10 月 30 日，美国科学家根据 "火星勘测轨道器" 的成像分光计最新探测数据发现，火星表面大片地区都分布着水合二氧化硅，这表明液态水在火星表面持续存在的时间可能要比之前认为的还要长 10 亿年。

　　水合二氧化硅是二氧化硅的水合物，通常被称作 "蛋白石"、"猫眼石"。科学家称，水合矿物堪称是绝佳的证据，可以证明火星什么时间什么地点曾经有水存在过。

　　负责分光计的首席科学家、来自约翰·霍普金斯大学的斯科特·默基介绍说，根据他们对水合二氧化硅数据的分析，在距今约 20 亿年

前，火星表面可能仍存在液态水。这是一个令人激动的发现，因为它延长了火星上曾经存在液态水的时间范围，而且也扩大了火星上可能支持生命的地点范围，水合二氧化硅存在的地方就是探寻火星生命环境的最好地点。

此前，绕火星飞行的探测器在火星表面发现的水合矿物有两大类——层状硅酸盐和水合硫酸盐。其中黏土状的层状硅酸盐形成于大约35亿年前，由火成岩与水长期接触形成。在接下来的几亿年直至大约30亿年前，水合硫酸盐形成。

而新发现的乳白色水合二氧化硅将水合矿物的存在后延了10亿年。科学家分析认为，在大约20亿年前，火山活动或陨星撞击形成的火星矿物被液态水改变，形成了水合二氧化硅。

科学家认为，水合二氧化硅不仅是液态水存在的佐证，而且在火星地表的塑造、火星支持生命的环境中扮演了重要角色。液态水在火星存在的时间越长，火星上可能存在支持生命环境的时间窗口就越长。

最近对"火星勘测轨道器"的数据进行分析发现，火星表面的一些矿穴未受酸雨的侵扰。该轨道器发现一些碳酸盐迹象，这种物质可在酸中溶解；碳酸盐的出现象征着这里的一些区域稍微更加适合生命生存，那里可能保存了一些生命留下的迹象。

一个由多国科学家组成的研究小组日前发现，火星北极区域存在的大量水冰纯度很高，达到约95%。这一研究成果刊登在2009第1期美国《地球物理通讯》杂志上。

参与研究工作的法国格勒诺布尔行星实验室科学家1月20日发表公报说，科学家们通过分析美国"火星勘测轨道器"光谱仪的观测数据，不仅证实火星北极区域确实存在大量水冰，还发现这些水冰纯度很高，达到约95%。

科学家运用飞行器携带的探地雷达，对火星北极冰盖约四分之一的区域进行了研究。他们估计，冰盖下隐藏的水冰体积大约在200~300万立方千米之间。这些水冰含有的杂质主要集中在冰盖表面，通过对水冰和冰盖进行分析，可以更好地了解水在火星气候演变中发挥的作用。

"火星勘测轨道器"还发现一个奇怪迹象——还原铁，表明火星表面曾存在生命。在地球上，还原铁一般是通过微生物形成，不过其他过程也能形成这种迹象，例如一颗与其相撞的彗星携带的有机碳发生化学反应等。

生命猜想

火星上存在不存在生物，现在谁都难以断言，可是除了地球，在太阳系的行星当中，火星是最有可能诞生生命的。这种看法的根据就是火星上有水。

火星上可能诞生过怎样的生命呢？试用地球的情况为例做一点说明。

地球从 40 多亿年前形成开始，经历了 10 亿年的化学演化过程，导致了原始生命的诞生。这种原始生命可能是具有原核细胞的简单细菌，也就是拥有为繁衍所需的遗传基因，为了能量代谢把微乎其微的酶用膜包裹起来的构造简单的东西。此后又经过 20 多亿年，这种简单生命才进化为真核生物。

这个过程在火星该是怎样的呢？正如前面谈到的，在形成后大约 10 亿年中，原始火星上有海洋，也有温暖湿润的大气，所以火星上出现与地球曾出现过的类似简单生物并不是难以理解的事。当然，海底的热水出口周围也应当是火星生命诞生的场所。但是此后火星慢慢"冷却"，生命进化的步伐变慢了，现在不清楚火星上是否出现过

"火星快车"号高清晰立体摄像仪拍摄的照片，通过照片可以清楚地看到，这片名叫查斯马区域沟壑纵横，行星地质学者认为这是由当时海峡的地下水形成的。照片上的这片区域大约长 100 千米，宽 10 千米，深达 1362 米。

"机遇"号登陆地点已被证实曾经是一片海洋

真核细胞生物。如果"冷却"的过程是异常缓慢的话，具有真核细胞能进行光合作用的藻类生物有可能繁殖。如果"冷却"是急速进行的，火星上的液态水就会消失，那么不要说真核细胞，就连原核细胞是不是能出现都很难说了。

由此说来，火星是从什么时候、怎样"冷却"的，将是解开火星生命之谜的钥匙。火星表面存在大量超氧化物，火星上有水，通过发生化学反应生成了氧气，火星生命也许一跃而获得了呼吸氧气的生存形式，因此我们不能忽视火星上曾诞生过相当复杂生命的可能性。

科学家曾模拟火星环境制作了一个实验装置，把各种各样的生物置入其中进行生存实验。对地球形形色色的生物来说，大型动物和植物用这种装置来实验当然是不行的，从物种多样性来判断决定采用微生物进行实验，其中除了有充斥我们身边空间的霉菌、细菌外，还有只能在特殊环境（如高温或低温环境，无氧环境）中才能

古代火星想象

火星经历了漫长的演变

生存的那样一些"极限"微生物，也就是说采用尽可能广泛的微生物来进行实验。

生存实验结果表明，枯草菌的孢子、黑酵母菌孢子，乃至厌气性细菌和藻类在这个实验装置中生存的可能性都很大。为了解决火星极冠冰下埋藏的微生物是如何生存的，科学家用构成火星大气的气体覆盖在枯草菌孢子上，然后用达到照射 2000 年以上剂量的紫外线和宇宙线照射，它们几乎全部安然无恙。根据这个实验推测，在现在火星环境中，某种微生物也许能少量存在也可能繁殖，就算不能繁殖，其生存的可能性也是相当大的。

该到火星什么地方去探索生命呢？在火星地形中，火星北半球火山口少的地区是比较新的地层，是生命诞生以后才形成的。从地质年代来看，大约在 40~30 亿年前火星南半球形成的高原是由古老地层构成。因此，探索火星生命的首选地域应当是这种具有古老地形，特别是由流水冲刷形成的"水手谷"等地域。所幸火星上没有地球上的岩盘运动，古老地层古今如一。不过在这种地区找到仍生存的生物可能性不大，主要目的应是寻找原始生命的微小化石。

水是地球型生物存在必不可少的条件，根据前面谈到的实验结果推测，在目前火星环境下有水存在的话，低温中的厌气微生物和原始光合作用的细菌生存是有充分可能性的，或许它们仍处在缓慢的进化过程中。

　　在实际对火星进行探测之前，积累从宇宙探测地球生命的资料是必要的，也就是利用围绕地球运行的地球观测卫星，遥感观测沙漠和西伯利亚永久冻土地带，检测出沙漠的水分和有机物，测定永久冻土地带的生物生态和冻土的厚度等，现在应当立即着手进行实验，为即将实现的火星生命探索做好准备。

火星以前会有流水吗？

2016 欧洲环火星轨道器

2016 欧洲环火星着陆验证器

2018 美国火星车

2018 "火星生命"漫游车

2016 年，欧美将联合启动"火星生命"计划。

火星生命普查

　　火星是否曾经拥有生命？大西洋两岸为了回答这个问题而耗费数十亿美元的尝试，却都面临着扑朔迷离的未来。欧洲空间局缺少资金来执行它雄心勃勃的计划——在2016 年把一个火星着陆器和一辆火星车送上火星表面。美国宇航局则深陷"好奇"号火星车成本上升以及进度滞后的泥潭，"好奇"号正在不断地蚕食其他探测任务的资金。

　　为了避免"各自为战"，美国和欧洲的科学家以及管理层一致认为，两个航天机构必须开展前所未有的合作。为此，他们正在筹划一个为期 10 年、影响深远的合作计划，计划以 2016 年的联合火星任务拉开序幕，并且在十年之后以采集火星样本返回地球的方式把整个合作推向高潮。

　　这一新举措背后的经济因素是显而易见的。单单一个采样返回任务，耗资就可达60~80 亿美元，这是任何一个航天机构都无法独自承担的。但是这两个航天机构和科学界首先要做的是克服众多的政治、文化和技术上的挑战。

当然，美国宇航局和欧洲空间局之间的合作并非首次。欧洲空间局长久以来一直是国际空间站的成员，它还为美国宇航局的卡西尼土星探测器制造了深入土卫六大气的"惠更斯"探测器。同样，美国宇航局也计划为欧洲空间局在 2016年的"火星生命"任务支付两台重要仪器的费用。但这些还算不上是真正意义的双边合作。通常资金更

"火星生命"计划中的轨道器

充裕的美国宇航局拥有最终的决定权，而另一方的科学目标必须向它靠拢。但对于目前的联合计划来说，两个航天机构会较以往"平等"得多，都会有用武之地。例如，欧洲空间局和美国宇航局会轮流向火星表面发射着陆器，然后另一方则发射一个相对廉价且在技术上也相对容易实现的轨道器，或者为此提供相关的硬件。

欧洲空间局对于联合任务的兴趣源于其"火星生命"计划的难产。作为旨在向火星发射一系列无人和载人航天器的"极光"计划的一部分，"火星生命"探测计划在 2005 年的欧洲空间局预算会议上得到了有力的支持。从那时起，科学家们就开始不断

欧洲"火星生命"漫游车

为"火星生命"增添新的内容，这也致使它的成本水涨船高。2007 年春，计划委员会批准了"火星生命"计划的扩编，它包括了一个环火星探测器、一个静态的火星地面站以及一辆带有钻探采样设备的火星车。按照设想，"火星生命"着陆器会像花儿一样打开，并释放出一辆 270 千克重的火星车，它会向地下钻探 2 米来监测有机物，并且进行和火星生命有关的地质化学研究。

2008 年，欧洲空间局的 17个成员国批准为"火星生命"拨款 11 亿美元，但目前仍有 1.95亿美元的缺口。欧洲空间局目前唯一的火星探测任务是"火星快

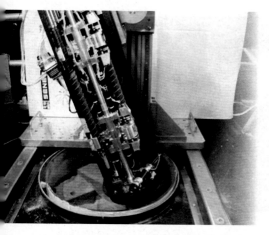

"火星生命"计划的钻头

"车"。尽管它在 2003 年成功进入火星轨道，但由英国制造的"小猎犬"2 号着陆器则在降落的过程中与地面失去了联系。

现在，"火星生命"探测器的自重和结构的复杂已经远远超出了当初的计划。举个例子，其地质物理套件的预计重量达到了原先的 3 倍。额外增加的重量需要额外的火箭燃料和探测器空间，这就会使得成本上升。欧洲空间局似乎并没有足够的资金来实现整个"火星生命"计划。这就意味着这个计划要么缩小规模，要么邀请美国宇航局参与。

2009 年 3 月下旬，欧洲的工程师和科学家聚会荷兰，商讨"火星生命"上 23 台仪器的未来，这 23 台仪器中有两台将由美国宇航局提供。但是，一些美国科学家则担心欧洲空间局缺乏执行这样一个复杂计划的经验。因为，欧洲空间局从来没有在火星上成功着陆过，

"火星生命"取样返回

而且，"火星生命"要比"好奇"号复杂得多。

美国宇航局在 30 年前就把探测器送上了火星表面，其触角也已遍布了太阳系的各个角落。但是现在它仍然需要一个"肩膀"来依靠。由于技术难题和 4 亿美元的成本增加迫使 900 千克重的"好奇"号推迟 2 年发射。这一超支会蚕食未来其他的火星探测项目资金，并且危及美国宇航局十年来每两年发射一个火星探测器的计划。

究竟如何来操作，大家各有自己的想法。一些工程师和科学家倾向于一个综合的 2016 年火星探测计划。在这一方案中一枚美国、欧洲或者俄罗斯的火箭将向火星发射一个美国宇航局的环火星探测器，然后它会向火星表面释放"火星生命"探测车。到 2018 年，美国宇航局和欧洲空间局互换角色，欧洲空间局的环火星探测器将向火星表面投下美国宇航局计划中的价值 13~16 亿美元的火星车。一个用于监测火星地质物理状况的着陆器网络则将在 2020 年部署到火星上。采样返回任务的第一部分将在 2022 年发射，另一半则会在 2024 年进行。美国宇航局会负责将采集到的火星样本送上轨道，然后由欧洲空间局负责将样本在两年后送回地球。

经过一系列的讨价还价，欧洲空间局委员会于 2009 年 12 月 17 日批准了新的"火星生命"计划。这一决定为欧洲空间局和美国宇航局将于 2016 年和 2018 年发射的三个联合火星探测项目亮起了绿灯。这些新项目将由欧洲空间局领导，耗资 8.5 亿欧元。

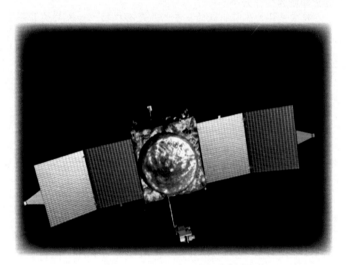

研究火星大气的 MAVEN 探测器

2016 年，"火星生命痕量气体轨道飞行器"（MAVEN）将首先发射。它将探测火星大气中甲烷等痕量气体，而最近的发现则显示火星大气中甲烷的含量异常。虽然它的科学载荷（由美国宇航局和欧洲空间局共同制造）有待最终确定，目前的计划已经包括了高分辨率照相机和大视场照相机。"火星生命痕量气体轨道飞行器"上的高分辨率相机可以达到 1 ~ 2 米的分辨率，它将用于寻找释放出这些痕量气体的源头，并且监视火星全球和局部的天气。大视场照相机则将用于获得火星大范围的图像。此外它还将携带一台特殊的仪器——太阳掩食傅立叶变换红外分光仪。当太阳光穿过较厚的火星大气时，分光仪通过测量不同气体的吸收谱线就可以探测出大气的成分。除了自身的使命之外，它还会携带一个小型的"进入—下降—着陆"演示装置，为计划于

2018 年着陆火星的两辆火星车做准备。

美国的火星取样返回计划于 2016 年将 500 克左右的火星土壤和岩芯样本送回地球作进一步研究。这个计划包括一个环绕火星轨道运行的返回装置和一到两个着陆装置，着陆装置可能配备有可以小范围移动的火星车，如果那时"好奇"号火星科学实验室仍然可以工作，可能也会利用它在大范围内提前采集样本，或者再发射一枚类似的火星车用于这个目的。采集样本以后，样本将会被一枚小型火箭发射到火星轨道，与返回装置对接，这个对接也可能不只一次，然后由它将样本一次性送回地球。

2018 年的火星任务将是一个着陆器，用于寻找火星上可能存在生命的证据。

2020 年将会有更多的取样返回实施，用于将火星样本送回地球。

相关链接
到火星筛查生命分子

科学家认为生命组成的基本物质是有机物。如果火星上存在有机物那么它就有诞生生命的可能性。在欧洲空间局的"火星生命"计划中，有一项探测火星有机物的实验。

火星探测器的一个设备铲起土壤样本，把它放进能够把样本加热到 500℃的"火星有机物分析器"中。加热时为了促使岩石中的任何有机体分子能变成气体，然后把这些气体凝结到一个冷的干燥表面。当探测到氨基酸时，"火星有机物分析器"会对其进行染色处理，这样是为了更好地跟踪发现氨基酸分子。如果分析器的荧光出现，那就表明有氨基酸的存在。之后，通过一系列的微小管道，分析器能分离出不同的氨基酸。

1976 年，美国宇航局的两个"海盗"号探测器携带仪器探测火星有无生命存在。但是结果却是没有发现任何高级生命痕迹。科学家现在怀疑，是因为火星上高氧化条件致使有机分子的形态被改变，从而令探测器无法探测到它。

"火星有机物分析器"与公文包大小等同，灵敏度比"海盗"号探测器高出 1000 倍。为将来更好地完成火星探险任务，科学家从两个被认为非常类似火星环境的地方：智利的阿塔卡马沙漠和美国加州的帕洛克山谷采取样本，让"火星有机物分析器"对其进行测试。

位于智利北部的阿塔卡马沙漠，终年干旱无雨，为地球上最干燥的地方。沙漠气候的干旱、土壤的成分和强烈的紫外线辐射，都跟"海盗"号探测器 30 年前在火星上有岩石构成的平坦地带拍摄到的情况非常接近。已经从阿塔卡马沙漠中采集的浓度为千万分之五到一亿分之一的土壤样本中成功地发现氨基酸。

找到生命的指纹

　　与地球相似，火星周围也笼罩着大气层。火星大气层的主要成分是二氧化碳（95%），其次是氮（3%）、氩（1.6%），此外还有少量的氧、水蒸气和甲烷。火星大气层与地球大气层都有氮存在，这是火星与地球最大的相似之处。

　　火星大气一直充满着尘埃，因此大气中的悬浮微尘对天空颜色有很大的影响。"海盗"号和"探路者"号登陆器的照片显示，火星的天空大致为黄褐色，而在晨昏时则带点粉红色。

　　这些尘埃含有褐铁矿，而根据"海盗"1号着陆器所测得天空颜色所做的日光散射电脑模拟显示，另外还有体积含量约1%的磁铁矿。这些尘埃的大小可由小于可见光波长（0.4~0.7微米）至数十微米大。大的粒子倾向对不同波长均匀散射，使天空呈现白色，就像地球的云一样。不过尘埃粒子还会吸收蓝光，使天空缺乏蓝色而呈现黄褐色，也使肉眼所见的火星呈现红色。假如火星大气没有尘埃，就会和地球一样因大气的散射而呈现蓝色天空，但因大气稀薄很多，会呈现暗蓝色，就像在青藏高原上所见的天空。

　　二氧化碳是火星大气的主要成分。冬天时，极区进入极夜，低温使大气中多达25%的二氧化碳在极冠沉淀成干冰，到了夏季则再度升华至大气中。这个过程使得极区周围的气压与大气组成在一年之中变化很大。

　　和太阳系其他星球相比，火星大气有着较高比例的氩气。不像二氧化碳会沉淀，氩气的总含量是固定的，但也因为二氧化碳会在不同时间进出大气，氩气在不同地点的相对含量会随时间而改变。南极区在秋季时氩气含量提高，到了春季则会降低。

　　火星大气分四层，分别是：低层大气、中层大气、上层大气和外气层。由于气悬微尘与地表的热，低层大气相对温暖，中层大气有高速气流。上层大气也叫热气层，来自太阳的加热使此处温度很高，也不像下层那样分布均匀。200千米以上称为外气层，大气渐渐过度到太空，无明显外层边界。

　　科学家曾做过这样的实验：把宇宙射线中的主要成分——质子流通过加速器照射火星原始大气——一氧化碳、二氧化碳、氮气及水蒸气的混合气体，分析生成的主要成分。实验证明，生成了乙氨酸、丙氨酸、天门冬氨酸等多种氨基酸。根据这种实验结果判断，火星原始环境与地球同样有生命诞生的充分条件。

甲烷，生命的标志

火星探测器最惊人的发现是在火星大气中发现了甲烷。

2004年3月29日，英国《独立报》等媒体纷纷报道了美国宇航局和欧洲空间局科学家在火星的大气层中发现甲烷气体的消息。

甲烷俗名叫沼气，是一种稀有气体，在地球大气中，一百万个分子中只有一个甲烷分子。甲烷主要是在植物燃烧、细菌活

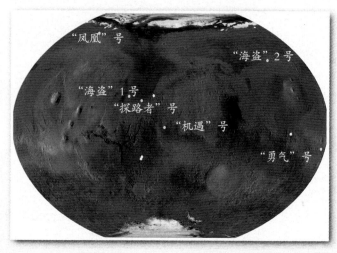

各种火星车登陆地点

动、牛等反刍动物消化食物过程中产生的，而这些都是跟生命有关的活动，因此，甲烷被看成是生命活动的标志性因素。

但是，证明火星上有生命需要很多条件。

从科学研究的角度讲，证明火星上存在生命，除了需要探测到稳定存在的甲烷气体外，还需要证明火星上有比较明显的氧气存在。一方面是因为大部分生命的存在都需要氧气；另一方面是因为氧气遇到甲烷会发生化学反应，生成水和二氧化碳，这个过程是一个不断消耗甲烷的过程，同时也是一个高效反应的过程。如果消耗了的甲烷又得到了补充就能够说明，火星上甲烷气体的供应是源源不断的。只有在含氧大气里，甲烷才能够真正成为生命的标志。

但是，从目前的科学研究来看，要证明火星上存在生命，还存在很多疑点。首先是无法证明火星上有足够的氧气。其次，"火星快车"在火星表面上探测到的甲烷气体含量不大，可能只有一亿分之一。

火星大气很稀薄

在地球上，现在也有细菌之类的微生物，它们依靠从氢和二氧化碳中制造的甲烷维持生命，从而可以在没有氧气的环境下生存。科学家根据化学知识认为，如果火星上有甲烷存在，这些甲烷不能产生很久，最多也不过是在几百年前形成。因此，这里必然有一个能不断向火星大气提供甲烷的"源泉"。

这个"源泉"有三种可能：一是外来的小行星或彗星等碰撞火星带来甲烷；二是

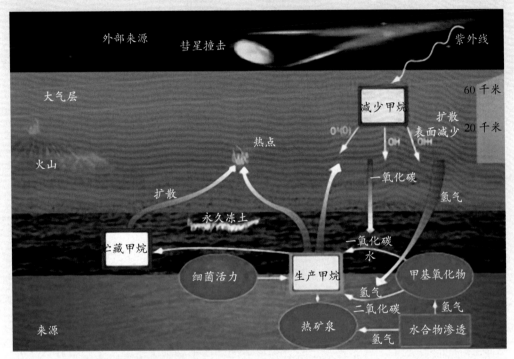

甲烷的循环

火星火山爆发喷出的；三是火星上微生物制造出来的。最后一种可能最受欢迎，因为这本身就是证实火星有生命的观点。科学家根据现有观测完全排除第一种可能。对于第二种可能分析上有些麻烦。首先，目前火星上没有活火山，但是，科学家说，这并不说明问题，因为根据"火星快车"对火星上的死火山的观测，它们有的甚至是在几百万年前才成为死火山，而以前的几十亿年一直活跃。而且，即使甲烷来自火山喷发，也无损于科学家猜测火星有生命，因为火山喷出的岩浆能使地下水以液体形式存在，从而易于生命存在。

2003 年 9 月，美国科学家就曾利用位于夏威夷的红外天文望远镜和智利的"双子星座"天文观象台，发现火星大气中有甲烷的迹象，欧洲空间局的"火星快车"号火星轨道探测器再次证实这一发现。"火星快车"上装备了"行星傅立业频谱仪"，能根据所测量到的火星大气频谱中显示出来的为甲烷所独有的频谱段，而确定性地证实

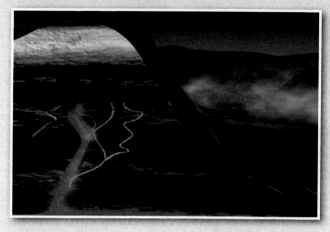

火山爆发也可能产生甲烷

火星大气中存在甲烷。

根据最新的观测数据，火星大气层中的甲烷气体的产生和消亡速度远远快于地球，此研究成果刊登在2009年8月出版的《自然》杂志上。

法国科学家利用气候模型和现有观测数据对这颗红色星球进行了模拟，结果发现，火星大气层中的甲烷气体分布不均衡，且随着季节变化。法国皮埃尔和玛丽居里大学的科学家弗兰克博士认为，火星上空气的化学变化仍然是个谜。他们在这个模型内注入动力学和化学元素试图找到测量法，来复制与地球不一样且分布不均衡的火星甲烷气体的状况。

计算机模拟显示，假如在火星上甲烷出现急剧消失，那么也一定会出现甲烷骤然产生现象。

如果火星上的甲烷是由于地质活动产生，它既可能发源于活跃的火星火山，也可能来自蛇纹岩的演变过程。后者在低温状态下发生，大量富含矿物橄榄石和辉石的岩石与水发生化学发应，释放出甲烷。

假使这种变化被证实，将意味着火星表面非常不利于有机物存在，但也不排除在火星地表下存在过去生命残留物的可能。2009年1月15，美国宇航局科学家在华盛顿总部举行的吹风会上，宣布在火星水蒸气形成的云层中发现了甲烷。美国宇航局的发现证明了欧洲"火星快车"探测器的研究。

水蒸气是支持生命产生和存在的至关重要的因素。专家们推测，生活在地下冰层下方水域的产烷生物以废物的形式将甲烷排出体外。由于甲烷仍存在于火星大气层之中，这些有机生物也应该还生活在火星上。

欧洲"火星快车"探测器项目组成员约翰·默里认为，迷你型火星生物可能以"假死"状态存在，并且能够从这种睡梦中苏醒过来。火星赤道附近尘埃下方存在一个巨大的冰冻海洋，在这一区域，简单生命体能够以细菌形式"复活"。

据"火星快车"红外分析的结果表明，科学家还在火星大气中发现了甲醛。如果结论属实，将证明火星或有活跃的地质活动，或有微生物生存。但很多专家目前对此仍持怀疑态度。

甲醛最有可能来自于甲烷氧化。由于在火星大气中已发现甲烷，所以甲醛的出现并不令人感到意外，任何氧化大气层，包括火星大气层，既然含有甲烷，就应该有甲醛。

但是，费米扎奥声称火星甲醛的绝对量是甲烷的 10~20 倍，则让人大吃一惊。这意味着人类曾低估了火星生产甲烷的能力。如此大量的甲烷气体，无法仅用地质活动来解释。火星上的甲烷一定另有来源，也许是生命活动产生了甲烷。但也有一些科学家认为，由于人类对火星的地质化学所知不多，因此不排除火星自身就可以生产甲烷。

一般来说，甲烷分子在没有受到紫外线作用下，可以在大气中保存 350 年之久。因此也有科学家怀疑，火星存在的甲烷有可能是彗星与火星相撞后的结果，也有可能是火星地表下蕴涵的甲烷泄露所致。但甲醛不同，它属于不稳定的化学物质，在大气中仅能稳定存在 7.5 个小时。大多数科学家认为，火星上的甲醛为甲烷生成。

2016 年，欧洲空间局和美国航天局将联手把欧洲的一颗人造卫星送到火星去查找火星甲烷的来源。科学家之所以对火星甲烷如此感兴趣，是因为这种物质不是来源于现在的生命，就是起源于地质活动。确定它的起源将是一项重大发现。人类一直认为火星上没有活跃的地质活动，也没有生命。

如果火星真的存在生命，我们就可以得出这样一个符合逻辑的结论——生命足迹也遍布其他星球。如果生命起源过程能够在地球上发生，难道其他星球就不可以吗？这应该是宇宙的一项法则。

火星北半球夏季时的大气甲烷分布，红色块（30ppb）约位于阿拉伯地。

北半球夏季时释放甲烷

甲烷含量

0   5   10   15   20   25   30
每十亿中的含量

"好奇"号，去找甲烷

甲烷是在火星上发现的第一种有机化合物，这项发现可能蕴含着多层含义。地球上的大部分甲烷都是由生物产生的。在高温高压环境下，氢气和二氧化碳等一些含碳分子物质发生反应，也会形成甲烷。地球上有些微生物不需要氧气就能够利用氢气和二氧化碳气体制造出甲烷，科学家认为这种类型的微生物同样也可能在火星上存活。

火星上的什么东西会产生这么多甲烷呢？虽然产生甲烷的途径多种多样，但是最后的答案是生物体或者非生物来源。

虽然火星大气中甲烷的数量非常少，只有地球大气中甲烷含量的一百八十分之一，但是火星上的甲烷显然都集中在赤道附近。因为这些甲烷"云团"仅需一年时间就会散开，因此，火星上的甲烷来源一定非常集中，而且是源源不断产生甲烷气体。这个局部地区产生的甲烷的数量，跟地球上的南极永冻层产生的甲烷数量一样，南极永冻层是地球上的四大温室气体来源之一。

甲烷可以直接通过火山或者裂缝进入大气。或者它暂时被像冰一样的物质封锁起来，等到温暖季节，就会慢慢从这些物质中逃逸出来。科学家推测，火星产烷生物利用这颗行星上的氢和二氧化碳等分子成分，在酶的帮助下生成甲烷。酶在更低的温度下，可以发挥跟地球上一样的功能，产生更多甲烷。现在，火星上通过生物途径生成甲烷的过程可能仍在进行。或者它在很久以前已经结束，我们看到的甲烷，可能都是以前被储存起来的。

美国"好奇"号火星科学实验室

有一种方法可以不通过从土壤中寻找生命迹象，来确定火星甲烷的来源。甲烷的构成成分以不同的形式存在，这种形式被称作同位素，不同同位素的质量是不一样的。如果要证明甲烷的分布与生物有关，探测器只要携带质谱仪，分析火星上甲烷碳 12 与碳 14 的比例（即放射性碳定年法），便可辨别出是生物还是非生物源。生物甲烷比非生物甲烷轻，会含有氢和碳 12 的分子。

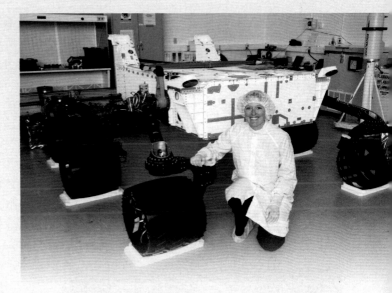

测试人员与"好奇"号

通常情况下，有两种方法可以发现甲烷同位素丰度。第一种方法要用到质量分光计，这种分光计可以利用电磁场，把不同的同位素分开。另一种选择是利用光学分光计，这种分光计通过测量吸收光的频率来分辨是哪一种气体，产生共振频率的同位素是由气体中较轻的分子构成的。

美国将在 2011 年发射造价 18 亿美元的"好奇"号火星科学实验室，届时它将携带一个光学分光计，来判断火星甲烷的来源。

"好奇"号将是迄今为止功能最全的火星活动实验室，有 2 米多高，跟一辆大型 SUV 汽车差不多大。它将于 2011 年发射升空，并预计在 6 个月后抵达火星，接替其前辈"勇气"号和"机遇"号的工作。"好奇"号火星科学实验室大小是"勇气"号和"机遇"号的 2 倍，重量则是其 3 倍。"好奇"号将会采集火星土壤样本和岩芯，对可能支持微生物存在的有机化合物和环境条件进行分析。这个任务还将会得到许多国家的支持，俄罗斯联邦航天局将会提供一个用于寻找水的基于中子的氢探测器，西班牙教育部将会提供一个气象组件，德国马克斯·普朗克学会化学研究所将会与加拿大航天局合作提供一个分光计。

美国还在设计一种特殊的光学分光计，这种分光计被称作腔衰荡分光计 (Cavity Ringdown spectrometer)，这种分光计的灵敏度，将比"好奇"号要携带的分光计的灵敏度高 1000 倍。

腔衰荡分光计 (CRDS) 通过利用激光照亮大气样本产生作用，这种激光的频率可以与一种特殊的同位素结构的甲烷分子的共振保持一致。空腔的局部壁具有反射能力，因此进入的光线很难逃逸出来。一旦激光被关闭，进入的光线将在空腔里来来回回继

"好奇"号（右）与"机遇"号的比较

测试"好奇"号火星机械臂

续反射数微秒，然后消失。光线消失所用的时间，是衡量空腔里的目标分子数量的一个标准。通过这种方法，腔衰荡分光计可以确定火星甲烷的不同同位素丰度比。因为这些光在消失以前会从空腔里的气体中来回穿数千次，因此，腔衰荡分光计可以比平常的光学分光计更加出色地测量甲烷浓度。虽然腔衰荡分光计是一项趋于成熟的技术，但是昂斯托特和他的科研组需要研发一种灵敏度非常高的便携式装置。他们已经制成一个 70 磅的试验样机，这种分光计的质量大约是普通分光计质量的五分之一。他们现在的目标是制造一个更小、更加适合执行太空任务的仪器，这些任务是指"火星科学实验室"之后要进行的下一轮火星车任务。

科学家还可以通过寻找伴随气体的方法来推测来源：在地球海洋中，生物产的甲烷常伴随着乙烯，而火山作用产生的甲烷则伴随着二氧化硫。据估计，火星每年必须产生约 270 吨的甲烷，由小行星带来的大约占 0.8%。虽然，地质活动也可产生甲烷，但是，火星近期缺乏火山活动，这种甲烷来源的可能性就较低。

研究发现，橄榄石与水、二氧化碳在高温高压下蛇纹石化后可产生甲烷，过程与生物无关。在地表下几千米深即可满足反应的温压条件，如果要维持目前甲烷浓度几十亿年，所需的橄榄石量并不多，这增加了甲烷无机来源的可能。而如果要证明，就得发现此反应的另一产物蛇纹石。

科学家们发现，甲烷的分布不均匀，但却和水气的分布相当一致。在上层大气这两种气体分布均匀，但在地表却集中在三处：阿拉伯地、埃律西昂平原和阿卡迪亚平原。甲烷与水气分布的一致性增加了生物来源的可能，不过生命如何在火星如此不友善的环境下生存仍然未知。

装配"好奇"号

相关链接

火星车命名的故事

美国航宇局 2009 年 5 月 27 日宣布,美国下一代大型火星登陆车"火星科学实验室"已采用堪萨斯州小学 6 年级 12 岁的学生克拉拉·马的建议,命名为"好奇"(Curiosity)号。

自 2008 年 11 月以来,美国航宇局即向全国 5~18 岁学生开展为火星命名的活动。至 2009 年 1 月 25 日截止日期,共有 9000 多名学生由互联网或邮件呈交了他们的命名提议与短文。经过评选,克拉拉·马以"好奇"命名提议而得胜。作为奖励,她受邀前往美国航宇局在加利福尼亚州帕萨迪纳市的喷气推进实验室,在该火星车上签署自己的姓名。

下面是克拉拉·马呈交给的美国航宇局,为"火星科学实验室"所写短文"好奇"的中文译文:

"好奇心像是人类思维境界里燃烧着的永恒火焰。我每天早晨起床后,好奇地想知道生活将出现那些奇妙事物。好奇是一种强大的力量。没有它,我们就不会有今天的成就。"

"当我小时候,我感到奇怪,'为什么天空是蓝色的?为什么星星会闪烁?为什么我是这个样子?'至今我还对这些事实好奇无比。我有那么多的疑问,而美国是我要寻求答案的天地。"

"好奇心带动我们生活的激情。为了解答疑问和探索奇妙的自然,我们成为探险家和科学家。是的,我们面对着许多艰难险阻,但尽管如此,我们仍然继续心怀好奇与梦想,勇于创造并充满着希望。我们已发现了世界无数奇妙的事物,但仍然只是浩瀚宇宙之点滴。"

"我们永远难以如愿地了解一切,但是,满怀燃烧着的好奇心,我们已经探知宇宙的许多深广奥秘。"

为火星车命名的华裔小女孩(左)获得参观喷气推进实验室的机会

超高夜光云层

2006 年 8 月 29 日最新消息，行星科学家们在最新的研究过程中发现在火星的周围存在着超高海拔的云层。科学家们是对欧洲空间局的"火星快车"探测器紫外和红外大气频谱仪 (SPICAM) 传回的探测数据资料进行分析后得出这一结论的，这一研究成果为解释火星大气层的运行模式找到了一个新的突破口。

在此之前，天文学家们对火星大气的认识仅局限于火星表面存在着大气层，而且其距离火星地表的距离并不远。根据欧洲空间局"火星快车"探测器紫外和红外大气频谱仪所提供的数据资料，此次发现的超高云层距离火星地表约 80~100 千米，云层中主要组成成分是二氧化碳。

欧洲空间局"火星快车"探测器紫外和红外大气频谱仪是在追踪消失在火星背后的一颗遥远星体时发现这一云层的。当时，这颗遥远的星体所发出的光芒折射在火星的这一云层上才使得这一云层露出了其面目。"火星快车"探测器紫外和红外大气频谱仪对这层大气不同高度的气体拍摄了照片，并对其主要的构成成分进行了探测分析，同时通过该层大气对不同的宇宙光线的折射探测到了其全貌。

"火星快车"探测器紫外和红外大气频谱仪起初只是探测到那颗遥远的星体在距离火星表面 90~100 千米的平面上就开始慢慢变得模糊了，但当时并没明白是什么原因，这也为这个超高云层的发现提供了第一条线索。尽管这一现象只是露出了这个超高云层的冰山一角，但经过一段时间的探测研究，科学家们已经在 600 个不同的侧面发现了这一云层的存在，直到最后定论它是覆盖火星全球的一个超高云层。

火星上的日出

　　"火星快车"探测器紫外和红外大气频谱仪项目组科学家，来自法国的弗兰克·莫特麦森介绍称，"如果你想站大火星表面看到这层大气，你必须要等到日落以后才有可能。这是因为这层大气十分稀薄，只有在漆黑的夜晚才能利用太阳光的反照看到它们的存在，也就是我们常说的夜光云。在地球上空 80 千米的地方也存在这种超高云层，但地球上这一距离的云层密度与火星地表 35 千米处的云层密度相仿。可想而知，火星上空 80~1000 千米处的超高云层就更加的稀薄了。"

　　在火星上空90~100千米的地方温度只有–193℃，这意味着超高云层不是由水分子构成的。在谈到这个问题时，莫特麦森称："我们观测发现这个云层处在超低温的环境中，在这么低的温度中还可以保持气体形态的只有二氧化碳，所以我们推测这个超高云层的主要成分就是二氧化碳。"

　　但是这个超高云层是怎样形成的呢？科学家们利用"火星快车"探测器紫外和红外大气频谱仪探测发现在距离火星地表 60 千米的高空存在着许多极小的灰尘颗粒，这些灰尘颗粒的直径大约在几百微米左右，而它们就是导致这一超高云层形成的主要原因。科学家们称，这些极小的灰尘颗粒以二氧化碳分子为中心形成晶核，进而构成了这一片超高云层。这些灰尘颗粒主要来自于火星表面岩石或者流星等，它们被火星上的风暴吹到了高空，冷却后与二氧化碳分子相结合便形成了我们所看到了超高云层。

　　这一新的超高云层的发现对于人类将来登陆火星的计划有非常重要的意义，它的存在说明火星的大气比我们之前想象的要厚得多，这对于我们未来登陆火星是一个非常重要的信息，飞船在通过这一段大气层时必然会遇到强大的摩擦阻力，飞船减速系统需要依据大气层的厚度来进行调节，只有这样才能保证飞船的安全着陆。

40 亿年的推演

火星拥有以二氧化碳为主、较薄的大气层，表面平均大气压不到地球的1%，随意摆在火星地表的一杯水，在如此低大气压下，很快就会蒸发掉。火星必然通过某一种方式损失了它最为宝贵的资产：由二氧化碳组成的浓厚大气。与地球大气层的情况类似，二氧化碳是火星大气中的温室气体。二氧化碳以及其他温室气体将提供更为温暖的气候以及更大的大气压力，这是使液体水免遭冰冻或沸腾所需要的。

大约40亿年前，火星是个温暖湿润的星球，非常类似于地球。液体水在火星表面上长长的河流里流动，奔腾着进入浅浅的海洋。厚厚的大气覆盖着火星，让它保持温暖。一些科学家认为，甚至可能还产生了微生物。

但是事情没有如此简单。

今天的火星严寒而干燥。河流与海洋很久以前就消失了。它的大气稀薄脆弱，而如果火星微生物现在还存在的话，它们可能是在火星灰尘的表面之下竭力维持勉强的存在。

太阳系共有四颗岩石大行星——水星、金星、地球与火星，火星是距太阳最远的岩石行星。火星之外，是小行星带，其余的木星、土星、天王星、海王星皆为巨无霸的气体大行星。木星强大的引力很可能掠夺了火星轨道上的部分原始材料，使它先天

美国宇航局公布的图片展示微生物如何制造甲烷

营养不良，长成一个有厚厚的地壳和像小铁球一样的核心的小矮个。由于天生瘦弱，火星在与地球进行的生命竞赛中，很快就处于下风。

40多亿年前，初生火星的材料正在进行大分化，重金属类如铁等，向火星地心沉积，轻的物质如二氧化碳、水等，向火星地表之上浮离，而大量氢气因为最轻，所以一直窜升到外大

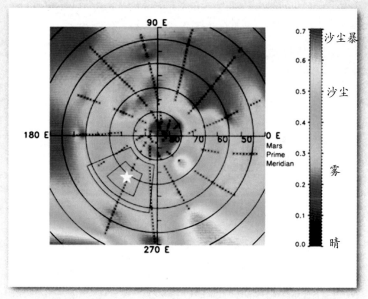

2008年5月25日火星北极地区的大气分布（绿色代表灰尘）

气层。由于瘦弱的火星其重力场仅为地球的38%，平均逃逸速度仅需约每秒5千米（相比之下，地球的平均逃逸速度为每秒11.2千米），因此火星上的氢气在初生太阳猛烈的紫外线照射下，取得足够的能量，很容易就达到脱离火星的速度，一去不复返。众多逃离的氢原子汇合成一股巨大的朝火星外喷射的气流，还同时拖走了更多的其他成分的大气，造成火星大气集体逃亡潮。

数亿年的陨石雨给火星带来了大量的水，但这些水来得快，去得也急，很快又被火星大气裹挟着逃向太空。每次陨石碰撞火星，虽然也带来一些水，但其产生的能量也使火星上原有的水大量汽化，并激起一股高速反弹的气流，轻易逃离火星。更厉害的是陨石以接近切线的角度撞上火星，火星像是在胃部被重击上一拳，向外太空做抽搐性疯狂大呕吐。专家称这种由陨石碰撞造成的行星水损耗现象，为碰撞侵蚀。很可能，在最初的7亿年中，火星处于既是大得水又是大失水的时期。

38亿年前陨石风暴停止，火星得水率和失水率都在减缓，但火星大气仍在绵绵不断地逃亡。最终，整个火星的大气压降成仅为地球的1/150，在这么低的大气压下，火星表面液态水无法存在，其一点残存的水分只能转入地下，或成为深藏不露的地下水，或变成地下永冻层。而火星地表则变得永远荒凉干燥。

几十亿年下来，小矮个火星根本无法保住自己的大气层，气压低，则大气吸热和存热能力低，天寒地冻，地表液态水消失。强烈的紫外线与各类宇宙射线长驱直入，把地表消毒得干干净净，连有机分子都被分解怠尽，不复存在。即使生命能耐高温、高压、无氧、高碱、超咸的环境，但是却无法抗拒高辐射能量。辐射能打入细胞内核，击断遗传基因长链，扼杀生命复制演化的契机。因此，数十亿年前火星上的生命，至

今恐怕早已灰飞烟灭，或变成化石，或深藏地下，不再露面了。

2010年月6日，最近，由欧洲天文物理学家组成的科研小组通过对欧洲"火星快车"探测器所搜集的各种资料研究后认为，火星上原本存在的大气层的一小部分大约于35亿年前在太阳风暴的影响下，转入了火星地表之下。在太阳风暴的作用下，火星上大约有0.2~4毫巴（气压单位）的二氧化碳和部分水蒸气消失在太空中，至于火星原有的浓密大气分子，科学家们推测它们转入了地下。

天文学家利用2003年火星大冲的机会，第一次测量到了火星空气中的过氧化氢成分。这也是天文学家在地球以外的行星大气层中发现这种化学催化剂。催化剂调控着地球大气中许多重要的化学循环反应。这一结果显示，科学家们对地球大气知识的掌握可以解释其他星球上的大气化学物质，相反亦然。

这项研究公布在3月份出版的《伊卡鲁斯》杂志中，观测是由坐落在4572米高的夏威夷莫纳克亚山顶附近詹姆斯凯克望远镜作出。2003年火星大冲是个特别有利的机会，当时火星在轨道上距离太阳最近，因此距离地球也近之又近，火星处于其最温暖的时候，当时可以观察到最多的过氧化氢，詹姆斯凯克望远镜能够充分利用它特别敏感的过氧化氢测量技术。

人们对地球大气的研究远远多于火星大气，科学家们必须依赖地球经验来猜测火星大气如何对太阳辐射起反作用，以及它的总体光化学作用平稳是如何控制的。模型预测显示过氧化氢是控制火星大气化学反应的关键化学催化剂，直到现在，科学家们也无法探测和预计火星大气中的过氧化氢总量，因此，也有一些研究人员认为模型是错误的。

那么，这一结果对寻找火星上的生命有什么影响呢？科兰西博士说，过氧化氢实际上在地球上用作防腐剂，因此它倾向于延缓火星表面的生物活性。由于这一原因，与紫外线辐射和缺少水一样，在火星表面是不可能有类似细菌的有机体的。许多寻找火星生命的意见现在应该聚焦在火星表面之下了。

给地球敲警钟

正当人们为地球二氧化碳日益增多、气候不断变暖而发愁之际，火星探测研究却发现二氧化碳的减少是火星气温降低生物消亡的原因。减少地球大气中的二氧化碳是福是祸？

西班牙科学家近日证实，火星确实存在过适宜生存的气候。英国《自然》杂志报道了这项最新发现。研究人员指出，40亿年前的火星火山频繁爆发，喷射的二氧化碳物质不仅大量遍布，也为火星产生温室效应提供了可能。

研究人员指出，在40亿年前，火星上大量的二氧化碳气体导致了海洋的强酸性，但海洋中高浓度的铁离子与硫酸盐离子，使其 ph 值降到6.2（与人们饮用的自来水的酸度相同），远远低于现在地球的海洋酸度。随着时间流逝，海洋逐渐干涸，溶解的二氧化碳也返回到大气中，并在太阳粒子流的袭击下，大量从火星上消失。

美国宇航局在火星上探测的硫酸盐证实了科学家的猜测。而这一结果也令人鼓舞。因为大气中储藏的二氧化碳气体，会为火星提供暖和、潮湿的生存环境。而这也正是孕育生命的关键。

火星上的二氧化碳为什么消失？这对地球上的人类是一个至关重要的课题。一个敏感的话题是：火星磁场的减弱是火星大气逐渐消失的原因。类比于地球磁场近百年来的不断减弱，火星探测对地球的启示不可忽视。太阳粒子流的袭击是二氧化碳最终从火星上消失的原因，地球是否存在着同样的风险？

像彗星趋近太阳产生背光的彗尾并丢失一部分气体质量一样，地球趋近太阳也会产生大气的背光运动并丢失一部分大气质量。这是南极上空出现巨大臭氧空洞的重要原因。天文观测表明，离太阳较远的类木行星都有浓厚的大气，成分以原始大气氢和氦为主；而离太阳较近的类地行星，原始大气早已丧失殆尽。可见，太阳使彗星和近日行星失掉气态物质的规律是共同的。行星趋近太阳的速度和距离与其轨道的偏心率成正比。水星（0.206）和火星 (0.093)

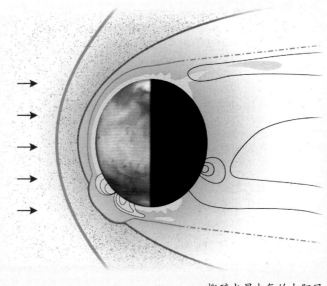

撕碎火星大气的太阳风

的轨道偏心率最大，因而其大气极其稀薄；地球（0.017）的轨道偏心率居中，因而有较浓的大气；金星（0.007）的偏心率最小，因而有比地球更浓密的大气。由于地球磁场可以使地球大气免受太阳风的直接轰击，因而地磁场对地球大气有保护作用。

国外专家的研究成果指出，如果南北磁极倒转将给地球生物带来巨大灾难。美国《科学》杂志一篇最新的文章提出：最近150年来，地球南北极所产生的磁场，正持续地急剧衰减，如果以这种速率发展下去，地磁场将在下个千年的某个时期彻底消失。外国一些科学家们严肃地指出：如果地球失去了地磁保护伞，与人类息息相关的事物将暴露在致命的宇宙辐射之下。

卫星观测发现，在距地球较远的地方，地磁场被约束在一定的范围里面，形成所谓地球磁层。这和从前以为的地球磁力线像磁铁一样蔓延到整个宇宙空间的情况不同，这主要是太阳发射出来的离子体——太阳风和地球磁场相互作用的结果。由于受太阳风的限制，向着太阳的地磁层顶部的半径是7~9个地球半径，磁尾部则是40~100个地球半径。就是这个地磁层，阻挡太阳高能粒子对地球大气层的直接轰击。一旦地磁场消失，地球大气会因失去地球磁层保护而被太阳高能粒子带走。原苏联"福波斯"2号探测器发现，在火星黑夜的一侧现在仍有大量氧气向宇宙流失。因为火星磁场强度要比地球磁场强度弱的多。

地球的大气正在源源不断地从臭氧层上的空洞泄漏出去，如果大气泄漏保持现在的速度，那么地球上的全人类将在短短8年内由于窒息而缓慢、痛苦地死去——2003年7月21日，一些南非顶尖的地球物理学家们发出了这个令人恐惧万分的消息。还好，到2009年底，根据10年来的卫星观测数据，南极臭氧层上的空洞正在逐渐缩小。

人类污染造成了臭名昭著的温室效应，这一效应在地球的南北两极上各形成了一个巨大的臭氧层空洞。有害的紫外线辐射从臭氧层空洞里涌进大气层，所以到目前为止人类对此的注意力都集中在全球变暖问题上，但是没有人注意到什么东西正在从空洞里泄漏出去。卫星拍摄的臭氧层空洞照片清晰地显示出：每分钟都有几

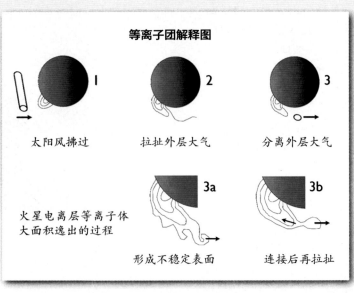

等离子团解释图

1 太阳风拂过
2 拉扯外层大气
3 分离外层大气

火星电离层等离子体大面积逸出的过程

3a 形成不稳定表面
3b 连接后再拉扯

撕碎火星大气的太阳风示意图

火星稀薄的大气层

十亿个氧分子从空洞中逃逸到太空。

二氧化碳过多导致的温室效应使金星表面温度过高，人类无法生存；二氧化碳过少导致火星表面温度过低，生命完全绝迹。火星二氧化碳的减少已经为地球人类敲响了警钟。

据英国《新科学家杂志》报道，科学家通常认为对地球具有防护屏作用的磁气圈能够保护地球大气层，但最新研究显示，地球磁气圈却暗地里偷偷流失大气层气体。

地球的磁场区域被称为磁气圈，起到保护地球生物的作用，它可以阻挡来自太阳的带电粒子流，有效地阻挡着太阳风的侵袭，可避免带电粒子流将能量传输至大气层中的气体分子，从而使气体分子无法逃离地球的重力牵引。然而依据最新的研究结果，这可能仅是人们对地球磁气圈的一半认识，瑞典基律纳市瑞典太空物理研究中心的芭拉芭什称，在极地区域，地球磁气圈可能加速促进大气层中气体的流失。芭拉芭什是欧洲空间局金星探测计划的首席调查员。

芭拉芭什认为金星从未有过磁气圈，而火星的磁气圈在35亿年前出现了明显损伤。考虑到地球、火星和金星这3颗行星的不同质量、大气层构成成分和它们与太阳的距离，芭拉芭什分别计算出了这3颗行星失去氧离子的速率。他发现地球损失氧离子的速率要比其他2颗行星快3倍。

芭拉芭什指出，行星的磁气圈要远大于该行星所在的大气层，这意味着带有磁场的行星将从太阳风中吸引更多的能量，这些额外能量将呈现漏斗状朝向地球磁极，因此在地球极地上空电离层的分子能够加速逃逸。

在此之前也有研究发现到这一点，欧洲空间局恒星簇计划中显示地球极地每年逃逸的离子数量是其他太阳行星的两倍。当我们承受于低太阳活动状态下，强烈的太阳风对于年轻的地球和火星形成早期大气层扮演着重要角色。芭拉芭什计算显示，受磁气圈影响，地球大气层每年损失6万吨气体，而对比地球大气层数千万亿吨的气体总重量，这一损失量并不会对大气层构成损害。

大气消失之谜

　　科学家相信，过去的火星也曾拥有厚重的大气，随之而来的宜温环境使液态水能流动于地表，造成现今观察到的河道构造。若是如此，究竟是什么原因让大量的火星大气消失？

　　长期以来，科学家认为有两个可能的原因。第一，过去有小行星撞上了火星，剧烈的碰撞吹散了大量的原始大气。第二，在太阳风的持续吹拂下，火星大气是被太阳风粒子被逐渐刮除的。

　　美国宇航局将于 2013 年发射的"火星大气与挥发物演化"探测器（MAVEN），是专门用于帮助科学家了解二氧化碳以及其他气体向太

今天的火星会是明日的地球吗？

地球磁气圈偷走大气

空逃逸过程的第一个火星探测任务。该探测器将环绕火星运行至少一个地球年。在赤道轨道的最低点，MAVEN 与地面的距离是 125 千米；其最高点会将探测器带到 6000 千米以远处的宇宙空间。如此宽的高度范围让 MAVEN 可以对火星大气进行迄今最彻底的采样。

在轨道上，MAVEN 的仪器将在火星大气里追踪离子与分子，第一次测算向太空逃逸的二氧化碳与其他分子流。当知道了火星损失二氧化碳的速率之后，就可以在时间上回溯这一过程，估计出在过去的 40 亿年间逃逸到太空的气体总量了。

不过与"多少"同样重要的问题是"怎样"。

传统观点认为，火星的大气是脆弱的，原因是该行星缺乏全球性的磁场。地球的磁场延伸到很远的行星际空间中，将整个行星包裹在保护性的磁泡里，可以将太阳风反弹出去。火星只有局部的斑状磁场，覆盖了行星上相对小的区域（主要位于南半球）。剩余的大气完全暴露在太阳风中。因此对暴露区域的慢性侵蚀会让大气损失掉。

火星大气的损失可能是由一系列复杂的机制同时导致的。

想象中的火星二氧化碳以及其他气体向太空逃逸过程

MAVEN 装备了 8 台不同的传感器，试图全方位地分析可能的过程。

加州大学柏克莱分校的科学家戴维·布雷恩，在 2008 年 10 月提出另一种可能性：火星大气，很有可能是火星磁场与太阳风联手赶走的。布雷恩认为，火星上的小型磁斑实际上可能加速了火星大气的损失。来自美国宇航局"火星全球勘探者"号探测器的观测资料支持布雷恩的理论。

火星现存的地壳磁场，主要位于南半球、仅覆盖火星 40% 的表面。戴维·布雷恩注意到火星磁场与太阳风磁场会产生连结。当磁力线重新连接后，有部分游离大气会被包裹在脱离的磁场中，形成宽有数千千米的磁力线囊。在太阳风的吹送下，气体就随着磁力线囊离开火星。"火星全球探勘者"记录到有数十个磁力线囊出现在火星南极上空。

目前还不确定形成这样的磁力线囊需要多长时间，以及究竟有多少气体被包裹在

流星撞击火星示意图

里面，因为"火星全球探勘者"原本就不是设计来观测这类现象的。

2009年6月4日，据美国媒体报道，科研人员通过对地球、金星和火星的大气进行比较研究后发现，地球大气层每年损失6万吨气体，流失速度超过火星和金星。

科学家通常认为，对地球具有防护屏作用的磁气圈能够保护地球大气层，但最新研究显示，磁气圈和太阳风发生相互作用，会导致大气层气体流失。地球的磁场区域被称为磁气圈，起到保护地球生物的作用，它可以阻挡来自太阳的带电粒子流，有效地阻挡着太阳风的侵袭，可避免带电粒子流将能量传输至大气层中的气体分子，从而使气体分子无法逃离地球的重力牵引。因为地球磁场较强，而火星和金星磁场弱到几乎可以忽略，因此按照原先的观点，地球大气应该比金星和火星大气受到更多防护。这可能意味着地球磁场屏蔽不但不能防护大气层，还是导致大气流失的"帮凶"。

我们经常告诉自己，我们很幸运地生活在这个星球上，因为我们有这个强磁场屏蔽保护我们免受各种伤害，比如宇宙射线、太阳耀斑和太阳风的危害。但是，事实上地球磁场不能有效地保护大气层。在一次行星学对比研究国际会议上，3名分别进行地球、火星、金星研究的科学家将各自的研究成果进行了对比，结果有了这令人震惊的发现。

　　造成这种情况出现的"肇事者"是太阳风爆发时所释放出的带电粒子流。地球磁场和太阳风发生相互作用，地球的磁气圈要远大于地球大气层，这意味着带有磁场的行星将从太阳风中吸引更多的能量，这些额外能量将呈现漏斗状朝向地球磁极，因此，在地球极地上空电离层的分子能够加速逃逸。太阳风不仅会产生极光现象，而且能使地球大气层温度升高至导致大气层气体沿磁场线逃逸的程度，逃逸的气体会被太阳风捕获。

　　在此之前也有研究发现了这一点，欧洲空间局恒星簇计划中显示，地球极地每年逃逸的离子数量是其他太阳行星的两倍以上。瑞典空间物理研究中心的斯塔斯·芭拉芭什计算显示，受磁气圈影响，地球大气层每年损失6万吨气体，而对比地球大气层数千万亿吨的气体总重量，这一损失量并不会对大气层构成损害。

决定性的测量还要等 MAVEN 来进行

8 种仪器的 3 种组合

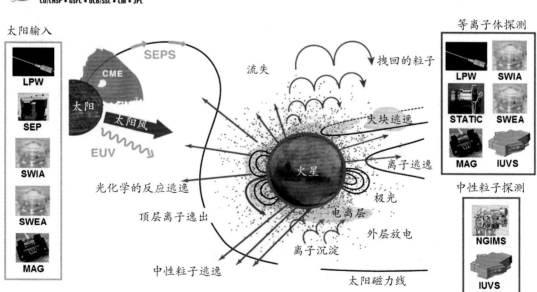

天路通向火星

　　自 1969 年 7 月 20 日阿波罗飞船航天员成功踏上月球，40 多年过去了，尽管已有近千名航天员先后进入太空，但人类在太空的活动空间最远只到月球。人类的脚印会不会留在那些更为遥远的星球上呢？

　　如同载人航天，星际探索一方面显示一个国家的综合国力，另一方面也推动着各国科技和经济实力的提高。探测火星的道路不可能一帆风顺，无论成功与失败都只是暂时的，都挡不住人类迈向宇宙更深处的步伐。

留在火星坟场的英灵

　　人类使用空间探测器进行火星探测的历史几乎贯穿整个人类航天史，在一次又一次的失败中不断前进。在人类刚刚有能力挣脱地球引力飞向太空的时候，第一个火星探测器开始了它的旅程。自 1962 年以来的 40 多年间，美苏（俄罗斯）先后向火星发射了 34 个各类探测器，但三分之二的探测器以失败而告终。

　　1962 年 10 月 24 日，当火星又一次运行到合适的位置时，前苏联的第 3 枚火星探测器升空了，然而，这次它仅仅到达了环绕地球轨道。1962 年 11 月 1 日，前苏联向火星发射了"火星" 1 号，这枚探测器成功进入了前往火星的轨道，1963 年 3 月 21 日当它飞行到距离地球 1.06 亿千米的距离时，与地面永远失去了通信联系。3 天后，前苏联的又一枚探测器升空，这枚探测器同样面临着失败的命运，仅仅到达环绕地球轨道，此后火箭未能再次成功点火，两个月后坠入地球大气层烧毁。

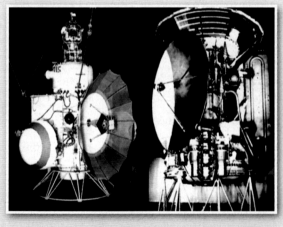

"火星" 1 号（左）和"火星" 3 号探测器

　　1964 年，美国先后向火星发射了"水手" 3 号和"水手" 4 号两枚探测器。"水手" 3 号于 12 月 5 日发射升空，是美国发射的第一枚火星探测器，由于探测器的保护外壳未能按预定计划成功与探测器分离，探测器偏离轨道而失败。"水手" 4 号于 12 月 28 日发射升空，这是有史以来第一枚成功到达火星并发回数据的探测器。"水手" 4 号于 1965 年 7 月 14 日在火星表面 9800 千米上空掠过火星，向地球发回了 21 张照片，此后又在环绕太阳轨道上花费3年时间对太阳风进行探测。"水手"4号发回的数据表明，火星的大气密度远比此前人们认为的稀薄。

"火星96"探测器的钻探装置

前苏联于1964年11月30日再次向火星发射了探测器，它虽然最终到达了火星附近，但是却没向地球发回任何数据。

1969年美国向火星发射了"水手"6号和"水手"7号。前者于2月24日发射升空，7月31日抵达火星。后者于3月27日发射升空，8月5日抵达火星。这两枚探测器携带有更先进的仪器和通信设备，它们成功掠过火星，对火星大气成分进行分析，并发回了大量照片。

前苏联也于1969年向火星发射了两枚探测器，然而这次甚至比此前的情况更加糟糕，第一枚探测器在发射后7分钟因发动机故障发生爆炸，而另一枚探测器发射后不到1分钟就坠落了。

曾被日本科学家寄予厚望的"希望"号

1971年，美国向火星发射了两枚探测器，尝试进入火星轨道，环绕火星飞行，以获取火星的高清晰照片。5月8日，"水手"8号发射升空，几分钟后因火箭故障坠入了大西洋。5月30日，"水手"9号发射升空，这是有史以来第一枚成功进入环绕火星轨道的探测器，取得了空前的成功。"水手"9号于1971年11月14日到达火星，在火星轨道上工作了将近一年之久，发回了7329张照片，覆盖了火星表面超过80%的部分，同时还对火星的两颗卫星进行了探测。

前苏联在1971年向火星发射了三枚探测器。第一枚探测器于5月10日发射，它尝试在火星表面着陆，但实际上它仅仅到达了环绕地球轨道。按照计划，它应该在地球轨道上停留1.5小时，然后再向火星进发。由于计时器失误，它错过了飞向火星的良机。这枚探测器后来被称为"宇宙"419号，因为前苏联事后否认这枚探测器将要前往火星。

"火星"2号和"火星"3号是前苏联当年发射的另外两枚火星探测器，与"宇宙"419号的设计几乎完全相同，分别于5月19日和5月28日发射升空，"火星"2号于12

126 火星漫步

月 27 日到达火星后不久便与地球失去了联系。"火星" 3 号的轨道器虽然没有成功，但是其着陆器却成为了有史以来第一个成功在火星表面着陆的探测器，虽然它仅仅火星上工作了大约 20 秒，甚至没能发回一张完整的照片就永远与地球失去了通信联系。

前苏联在 1973 年连续向火星发射了 4 枚探测器，都没有成功。"火星" 4 号于 1973 年 7 月 21 日发射升空，"火星" 5 号于 1973 年 7 月 25 日发射升空，它们分别于 1974 年 2 月 10 日和 1974 年 2 月 12 日到达火星附近，

"火星极地登陆者"

"火星" 4 号没能成功进入环绕火星轨道，"火星" 5 号在进入环绕火星轨道不久后就丢失了。"火星" 6 号和 "火星" 7 号都携带有轨道器和着陆器，它们分别于 1973 年 8 月 5 日和 1973 年 8 月 9 日发射升空，然后分别于 1974 年 3 月 12 日和 1974 年 3 月 9 日到达火星附近，"火星" 6 号的着陆器在成功进入火星大气层并打开降落伞后失踪，"火星" 7 号还没进入环绕火星轨道就丢失了。

以火卫一的名字命名的 "福波斯" 1 号和 "福波斯" 2 号探测器分别于 1988 年 7 月 7 日和 1988 年 7 月 12 日发射升空，这是继 1973 年失败后，前苏联又一个火星探测计划。尽管相隔 15 年之久，这两颗探测器依然没能逃脱失败的命运，"福波斯" 1 号于 1988 年 9 月 2 日在飞往火星的途中失去联系，"福波斯" 2 号则在 1989 年 3 月 27 日进入环绕火星轨道后不久与地球失去了通信联系，它所携带的着陆器也没能在火星表面着陆。1996 年 12 月 16 日，俄罗斯发射了 "火星" 96 号探测器，探测器未能进入前往火星的轨道，不久后坠入太平洋。

"深空" 2 号

经过多次推迟，美国的"火星观察者"探测器于1992年9月25日发射升空，开始了它前往火星的旅程。一切似乎进展得相当顺利，1993年8月21日，"火星观察者"准备点火进入环绕火星轨道时，与地球失去了通信联系。1998年底和1999年初发射的4枚探测器最终都以失败告终，包括日本的"希望"号探测器、美国的"火星气候轨道器"、"火星极地登陆者"和"深空"2号。

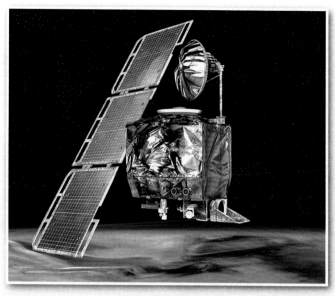

美国的"火星气候轨道器"

火星探测素来以难度大、失败率高而著称，是否拥有强大的科技实力主导着各国火星探索的成功与否。常人对火星探测的关注往往仅限于探测器的发射、探测器登陆火星以及探测器在火星上的新发现等。轰轰烈烈的火星探测活动背后，是人类在航天、遥测、人工智能等尖端科技领域长期艰苦卓绝的探索。一个国家只有在这些领域的技术都过硬了，火星探索才有顺利实施的保障。同时，在高成本的

俄罗斯"火星96"探测器

航天研究领域，各国技术上的拼抢，实际上也是经济实力的竞争。高投入也许并非意味着绝对的高成功率，但成功的背后一定少不了足够的资金支持。

怎么去火星

在科幻小说中充斥着在行星间呼啸着往来穿梭的大型宇宙飞船，看上去就好像开车去趟超市购物一样简单。但是在现实的行星际飞行中，根本就不是这么回事。

前往火星包括了三个步骤。第一，克服地球的引力场。第二，进入火星的引力场并安全着陆。第三，安全返回地球。

火箭推进剂是一大关键问

发射火星探测器的俄罗斯重型火箭"质子"号

题。虽然，火星是地球近邻，最近时离地球只有5600万千米，但是，由于轨道问题，实际从地球出发到达火星最少需运行4亿千米，相当于上千次到达月球的旅途，需要携带大量燃料，确保发射升空飞往火星并且返回，飞船可能会重达1000吨。早在1952年，美国火箭专家冯·布劳恩就曾提出庞大的载人登火星计划，设计由10艘在太空组装的飞船组成"火星舰队"飞向火星，而登陆需要至少70名航天员。

解决这个问题的一种办法就是"分段进行"。

1989年7月20日，在"阿波罗"11号登月20周年之际，布什总统公布了他的空间探测计划，其中包括了建造国际空间站、重返月球和前往火星。

美国宇航局为此进行了"90天研究"来充实这一构想。其中火星探测将采取"天基"架构。航天员会在空间站上组装一艘大型飞船。在抵达火星之后，这艘飞船会分解成一个用于把机组人员

美国星座计划采用轨道组装的方法去火星

送回地球的返回飞船以及一个用于登陆火星并且重返火星轨道的着陆飞船。第一次任务将只在火星表面逗留 30 天。这一计划的成本预计是 5 千亿美元，因此到 1990 年就几乎被抛弃了。不过这也激励了一些科学家和工程师提出了更快捷、更廉价的火星探测计划——"直达火星"。

"直达火星"和先前的"天基"方案有了显著的不同。首先，一艘货运飞船会使用类似"阿波罗"计划中的"土星"5 号型火箭发射升空。上面会携带一艘返航飞船和一个资源就地利用设施。

返航飞船会在不加注燃料的情况下降落到火星表面。资源就地利用设施包括一个自动化学处理厂、一个核电发生器和液氢"原料"。资源就地利用设施会混合液氢原料和火星大气中的二氧化碳来制造可作为火箭燃料的甲烷和氧。

货运飞船发射之后 26 个月，4 名火星考察队员便会从地球启程。但前提条件是资源就地利用设施已经完成了对返航飞船的燃料加注。航天员还会带上一辆以甲烷为燃料的火星车以及在未来三年中他们所需的一切。

"直达火星"所采用的轨道都是为了把对推进剂的需求控制在最小的程度，但代价是航天员必须在火星上停留相当长的时间。在 6 个月的飞行之后，航天员还必须在火星上停留大约 600 天来等待火星再一次运行到对返航燃料需求最少的发射位置。

用制作赛车用的轻型复合材料制成的太空舱

当航天员离开火星的时候，第二艘从地球发射的返航飞船会进入火星轨道。这将为航天员提供一个安全保证。如果早先发射的返航飞船失灵，航天员还可以用第二艘返航。如果航天员最终没有使用备用返航飞船，那么它还可以留给下一批的火星考察队员使用。

"直达火星"的成本正是它的关键卖点。据估计它将花 200~300 亿美元和 10 年时间来进行硬件研发，以及另外的 10~20 亿美元来用于随后的飞行和火星前哨站的开销。目前它的总成本是 300~400 亿美元，之后每次载人火星探测的费用为 20 亿 ~30 亿美元。

"凤凰"号着陆场景

　　20世纪90年代美国宇航局采纳了这一战略思想，但不同的是航天员将乘坐火星上升飞船离开火星表面，然后换乘火星轨道上先前由货运飞船送来的行星际飞行器返航。到1998年美国宇航局抛弃了"直达火星"转向了"间接火星"方案。使用这一方案可以省去向火星发射200吨的额外载荷。一枚80吨的火箭将会把载荷和推进段送入近地轨道，在那里它们会对接并且前往火星。对于第一批前往火星的探险队而言，至少需要6次发射。虽然美国宇航局的火星探测涉及比"直达火星"更多更重的硬件，但基本步骤还是类似的。其预算要求是小于5千亿美元。

　　目前的火星计划更多的还只是大的框架，许多细节还有待进一步深入。其中最关键的细节之一就是如何把沉重的载荷整体降落到火星表面。宇航工程师把这一过程称为"进入、下降、着陆"。

　　2010年，美国宇航局获得了60亿美元的预算支持火星载人飞行研究。美国的一些科学家和工程师一直在探索在火星上实施"进入、下降、着陆"的办法。对于"进入、下降、着陆"来说其最大的挑战是如何在不到10分钟的时间里把速度从超高音速降到零。一旦失败，载荷会在火星表面砸出一个新的环形山。

　　这个过程中最困难的部分是中间的"下降"阶段。在这之前载荷具有相当大的轨道能量，而在接近地表前则要把这一能量削减到不足原来的1%。

　　2008年5月成功着陆火星的"凤凰"号探测器体现了目前火星着陆的最高水准。其"恐怖7分钟"始于距离地面大约125千米的火星大气顶端。"凤凰"号以每小时20000千米的速度进入火星大气。火星大气阻力使得它的速度降到了每小时1400千米。然后降落伞会把速度进一步降到每小时400千米。在短暂的自由下落之后，"凤凰"号在距离火星表面975米的时候启动减速火箭并最终触地——整个过程历时大约7分钟。

　　几年后，当"好奇"号火星科学实验室抵达火星的时候，其"进入、下降、着陆"技术就会受到挑战。"好奇"号的质量为900千克，这差不多是传统的绝热罩、降落伞、反推火箭所能做到的极限。而未来的载人火星探测载荷将达到 30~60 吨。为此，必须要采用新的技术。

"直达火星"和其他计划的方案都是在下降阶段采用降落伞。但是火星稀薄的大气意味着降落伞必须非常大，而且还要能在超高音速的情况下快速打开而不会缠绕在一起。这样一个降落伞摊开之后足可以覆盖一个足球场。

而"阿波罗"式的仅靠反推火箭的着陆方式也有问题。使用火箭从火星轨道减速着陆会消耗巨量的推进剂。同时在超高音速下如何保持火箭的稳定性也是难题。

美国宇航局和空气动力学研究中"进入、下降、着陆"技术领域的专家也想出了一些新办法。其中最有希望的是超音速膨胀气动力学减速器，它是一个形状类似羽毛球的巨大气囊。这种气动减速器直径大约 50 米，可以使得探测器减速到大约每小时 720 千米，在这个速度下就可以使用反推火箭来完成最终的软着陆。不过一次性完成 30~60 吨载荷的着陆可能还是会有问题，如果分批进行（例如以 15 吨为一个批次）可能会更实际。

解决大质量载荷的着陆问题只是攻克载人火星探测诸多挑战中的一步，还需要有更多的"奇迹"发生。大小可以达到波音747 客机翼展的超音速膨胀气动力学减速器虽然是一大挑战，但并非不可能。在载人火星探测问题上，虽然有些人的目光可以看穿技术上的这些沙漠，但是最终还是要老老实实地穿过它。

当然也有人对此相当乐观。他们认为，今天的载人火星探测所遇到的挑战要比 1961 年载人登月时所遇到的小得多。与其说这些技术困难无法解决，倒不如说为此投入的人力、物力远不如以前。连续 30 年每年投入 100 亿美元也许可以实现登陆火星。

美国"星座"计划中的"战神"1 火箭在 2009 年 10 月 28 日发射成功

飘向火星的降落伞

在 1984 年公映的美国电影《2010：超时空出击》中，观众曾目睹这样的情景：当一艘飞船试图在一个覆盖在大气层下的行星上进行着陆时，太空降落伞此时被打开，帮助飞船减速下降并最终实现了软着陆。20 年过去了，当年的科幻构思正一步步变成现实。

美国航天技术专家们目前正热衷于讨论一种名为"太空降落伞"的新技术。这种新技术不仅适用于从月球返回地球的太空任务，它也同样适用于对火星、土卫六以及其他一些远距离目标的探测任务。

航天器的发射和进入预定轨道都离不开火箭的助推，当然也少不了大气阻力的帮忙。但若使用太空降落伞，我们就可以在较少地利用火箭助推的条件下同样精准地实

利用降落伞向火星降落的探测器

现预定任务，这就意味着太空降落伞技术的应用能帮助人类降低发射费用，同时也可以在飞船上腾出更多宝贵空间。

降落伞回收技术是20世纪40年代后期开始发展的，最初用于回收探空火箭的实验仪器，50年代用于回收无人驾驶飞机、靶机等航空器和试验导弹，60年代广泛用于回收卫星、飞船等返回型航天器的返回舱。70年代，降落伞着陆技术也应用到航天器在行星表面的软着陆。降落伞技术在这一进程中得到了很大的发展。

生物卫星等返回型航天器的返回舱再入大气层后，下降到20千米左右的高度时达到稳定下降速度的状态。如果不进一步采取减速措施，返回舱会以150～200米/秒的速度冲向地面。返回舱一般选用钝头再入体的气动外形，这类返回舱在亚音速区域是不稳定的，表现出大幅度的摆动、旋转甚至翻滚。随着飞行高度的降低和速度的进一步减小，这种姿态不稳定性愈趋严重。返回舱的这种不稳定性会使舱内航天员头晕，引起黑视，甚至晕厥。回收系统在这个临界时刻开始工作，展开气动力减速装置使返回舱在亚音速区域保持姿态稳定，然后逐级展开气动力减速装置使返回舱有控制地进一步减速，直至以一定速度安全着陆。

航天器经专门减速装置减速后，以一定速度安全着陆称为软着陆；未经专门减速，直接撞地着陆称为硬着陆。回收系统是实现软着陆的有效手段，常称软着陆系统。按系统所采用的减速装置分为降落伞着陆系统、降落伞—缓冲火箭着陆系统和降落伞－缓冲气囊着陆系统。

返回型航天器都用降落伞作为减速装置，一般由两级降落伞组成气动力减速分系统。第一级为稳定伞，其作用是保证返回舱在亚音速区域的稳定性，并使返回舱减速，为主伞开伞创造条件。由于主伞面积很大，一般都通过伞衣收口实现二次或三次开伞，以提高开伞可靠性。对海上溅落的载人飞船，主伞的最终下降速度约为9米/秒，而在返回舱乘主伞下降时调整其悬挂姿态，使返回舱底面的锐边首先着水，利用海水的缓冲作用使返回舱着水冲击过载大为减小，同时辅以航天员座椅上的缓冲结构达到安全溅落目的。

回收系统不仅有正常回收程序，而且备有应急回收程序。飞船回收程序不仅能自动控制，而且也可由航天员直接手动控制。航天器回收系统依需要还可能设置漂浮装置，借以增加浮力而浮于海面并保持一定的漂浮姿态。回收系统中的扶直装置能产生附加浮力，使返回舱翻身；而在着陆时垂直装置能使返回舱在陆地着陆后处于直立姿态，以保持信标天线竖立，正常发射信号。

据美国媒体报道，美国宇航局近几年开始对一款新型的"火星探测漫步者"降落伞装置进行试验，并取得了预期效果。该新型降落伞能够使"火星探测漫步者"及其所搭载的火箭在穿越火星大气层时减缓下落速度，更安全更准确地着陆到预定地点。在火星表面，"火星探测漫步者"可以不限速自由航行，这对于研制下一代的高速火星探测器是一个好消息。当搭载"火星探测漫步者"的火箭穿越火星大气层时，火箭的速度将达到声速的两倍以上，利用新型降落伞可以很好地控制火箭的飞行速度，使

探测器的隔热罩

得探测器能够安全着陆，并同时将汽车大小的探测漫步者准确落到指定位置，为完成科学探索任务提供了极大的便利。

美国科学家在美国宇航局艾姆斯研究中心的风洞中进行了一系列科学实验，模拟探测车在火星表面的着陆过程，然后观察并分析模拟探测器的受损情况。在四次实验后科学家发现，模拟探测器的受损害程度都符合预先设定的要求。该研究中心的研究人员目前正在收集相关数据，以便最终确定这种新型降落伞的设计参数，从而为火星探测提供新的有力数据。

航天器穿越大气层时如何避免危险高温，一直是太空专家研究的重点。太空降落伞技术可能是一种低成本、高效能的解决途径。它飞得越高，就有越充足的时间减缓航天器下降的速度。

降落伞的温度不会过热，这是由它的独特材料决定的。太空降落伞的主要构成材料是一种质量较轻、耐高温、柔韧的聚合薄膜。这种聚合薄膜的制作技术已发展多年，随着科技进步，许多应用障碍都已被一一化解。

空投试验是降落伞例行试验中的一项，通过模拟返回舱着陆过程的空投试验，不但可以直接验证主降落伞的实际应用效果，而且可以为技术改进提供重要的现场环境指标。

例如，在完成加工后，神舟七号飞船同批次主降落伞进行了 21 架次的空投返回舱实体伞降试验，也正是在这项重要的试验中，一个重大安全隐患被发现，并得到了彻底解决，大大提高了降落伞的可靠性。在一次空投试验中，降落伞连接分离机构没能正常工作，降落伞未能如期打开。最后研究人员发现，由于连接机构的连接锁因鼓风装置的高温高压而产生了膨胀，结果造成连接锁打开部分的摩擦力过大，致使开锁失败。

半实物仿真试验是另一项重要的降落伞可靠性试验。在神舟七号飞船降落伞加工生产过程中，研制单位构建了一个仿真试验平台，可以模拟一些特殊的环境条件来验证产品的可靠性。特别是空投试验无法模拟的环境条件，成为这个仿真试验平台的重点任务。在仿真试验平台中，技术人员把可能遇到的恶劣环境条件进行仿真模拟，营造了范围更广的开伞环境，使各种条件下的开伞成功率进一步提高。在仿真试验中，神舟七号产品所做试验超过 300 小时，仿真次数超过 1000 次，用更加准确的数据，提高和证明了神舟七号回收着陆分系统具有的可靠性。

我们来看"凤凰"号降落所采用的核心技术。此前美国宇航局发射的"勇气"号和"机遇"号探测器采取气囊软着陆方式，"凤凰"号则采用反推力软着陆方式。

历时 9 个多月，在太空中"奔走"7.11 亿千米后，"凤凰"号以超过 1.9311 万千米时速冲入火星大气。经历打开降落伞、甩掉隔热罩、点燃反推火箭等"规定动作"后，它才以 8 千米时速安全降落在火星表面。具体过程是："凤凰"号在距离火星表

组装测试中的"好奇"号，可清楚地看到热防护罩。

2009 年 10 月 2 日，美国进行"星座"计划的降落伞测试。

面 12.5 千米处将降落伞展开。当降落伞打开时，探测器的飞行高度可能会与预先高度存在着重大的误差，雷达探测器开启并调整飞行高度和方位。在降落伞打开 2 分钟之后，"凤凰"号下降到距离火星表面 0.96 千米的位置。在点火制动火箭之前，探测器用半秒的时间抛出隔热罩，然后垂直降落在火星表面上，此时探测器上 12 个制动火箭以每秒 10 倍的加速度向下喷射，给探测器稳稳的一托。

在这环环相扣的"恐怖 7 分钟"里，研究人员着实为"凤凰"捏了把汗。火星探测器探索火星存在许多危险，在从发射到降落长达 10 个月时间内，虽然降落和登陆只有短短 7 分钟，却是最危险的阶段。据统计，迄今为止世界各国共向火星发射过 15 个着陆探测器，然而却只有 5 个探测器成功着陆。

"好奇"号用飞机做空投试验

3秒钟定生死

"凤凰"号在太空航行阶段中发出信号至中继网络之间存在3秒的通信间隔，如果该探测器未能成功着陆火星表面，在着陆前的发出信号将为地面指挥中心提供至关重要的信息，直接关系到探测器的最终命运。获得实时通信是至关重要的，即使这3秒时间的延迟也会出现决定性的变化。在"凤凰"号的隔热罩中内置着天线装置，可通过美国宇航局"火星勘测轨道器"或"火星奥德赛"两艘探测器传输超高频信号至地面上，这种信号传输可用于紧急情况呼叫。这是所有火星登陆车第一次在登陆火星和在表面运行时拥有中继轨道通信能力。

国际空间站控制中心

地球和火星之间的直接通信会被太阳强烈干扰甚至阻断，每次持续数周，将严重削弱声音、数据和视频信号的传送。特别是当火星和地球被太阳直线阻隔的情况下（这种情况被称为"会合"，每780天出现一次），此时所有地球对火星任务的控制信号都被封锁。这对人类未来的火星探索任务将极为不利。

不过，欧洲空间局和英国的工程师们可能已经找到了解决方案。2009年在第60届国际宇航大会（IAC）上，研究人员公布了一项由欧洲空间局资助的名为"使用低推力、高比冲推进系统的非开普勒轨道"的研究结果，即在火星附近特定的B

应用于嫦娥一号任务的北京卫星测控地面站　崔建平摄

欧洲"阿蒂米斯"（左）与"斯波特"4号卫星进行通信试验

轨道（相对于符合自然运行规律的 A 轨道而言）上放置两颗通信中继卫星。不过，为使卫星不受重力影响保持在原位，卫星上需安装先进的电离子推进系统进行连续的姿态调整。离子推进由太阳光提供动力，以微量的氙气作为推进剂。在新型 B 轨道上运行的卫星可以始终同时观察到地球和火星，从而确保未来登陆火星的航天员与地球的联系随时保持畅通。

2009 年 10 月 20 日，据英国《每日电讯》报道，科学家近日找到了一种同火星保持持续通话的方法，这对未来实现火星载人航天飞行大有裨益。

此前科学家们认为，由于太阳的遮挡，持续同火星保持数周的通话时间并不可能。但是英国斯特拉思克莱德大学科研人员找到了只通过一艘宇宙飞船就可实现地球、火星持续通话的方法。

据悉，这一突破性发现是根据拉格朗日点理论得出的。所谓拉格朗日点是指在太空中，在两大物体引力作用下，能使小物

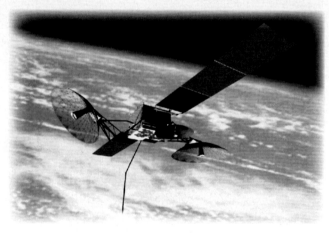

美国第二代"跟踪与数据中继卫星"在轨飞行示意图

体稳定的点，于 1772 年由法国数学家拉格朗日推算得出。在该点处，小物体相对于两大物体基本保持静止。1906 年首次发现运动于木星轨道上的小行星在木星和太阳的作用下处于拉格朗日点上。在每个由两大天体构成的系统中，按推论有 5 个拉格朗日点，但只有两个是稳定的。在拉格朗日点，卫星或者空间望远镜能够同地球和太阳保持相对静止。

实现人类登陆并探索火星的障碍之一就是通信。当太阳遮挡住火星时，这也就彻底断绝了地球上的地面控制中心同在火星上的航天员实现通信的可能性。但是通过让带有连续推进系统的宇宙飞船保持在拉格朗日点，可以实现地球同飞船的持续通信，以及飞船同火星的持续通信。利用相似的技术，只需两艘飞船，能进一步提高地球同火星的通话质量。一艘飞船在火星上空飞行，使得通信只能局限在一个火星极地区域。然而借助两艘飞船，能够实现同火星更大区域的通信。

这一研究成果是在为欧洲水星探测飞船项目研发的 T6 推进器技术的基础上作出

"勇气号"着陆后，首先要保证太阳帆板的工作状态

的。据悉，水星探测器定于 2014 年发射，飞行 70 亿千米后将于 2019 年进入绕水星轨道。

"火星通信轨道器"是美国原定的 2009 年火星探测计划，因经费问题于 2005 年 7 月 21 日被取消。"火星通信轨道器"是第一个将中继与地球的通信作为基本目标而前往另一颗行星的空间探测器。它本可以成为正在不断增长的行星际互联网的一个火星通信中继站。火星车、科学观测站和火星轨道上的飞船都可通过"火星通信轨道器"与地球通信。因为它的轨道距离火星表面 5000 千米，相比其他探测器要远 20 倍，这就是说它几乎总是可以直接看到地球。"火星通信轨道器"每天可以向地球发送相当于三张 CD 容量的数据。

除了可以在无线电波和微波的频率发送和接收信号，"火星通信轨道器"还可在行星间使用激光通信。发送和接收信号的激光是近红外光——刚刚超出人眼可见的电磁波频率。尽管光学通信更容易受到云层的影响，但是它们可以微波通信 10000 倍的带宽传送数据。

取样机器人

你好！机器人兄弟

　　人们在设计火星基地时，设想建筑材料可以就地取材，并希望分批登上火星的机器人来完成先期工作。因此，火星机器人是人类登火星的一项关键技术。

　　事实上，火星探测早已在使用高级机器人了。

　　1975 年，美国"海盗 1 号"和"海盗 2 号"两个探测机器人就已踏上火星，它们发回了第一张火星表面照片。

　　1996 年 12 月，携带"索杰纳"（"旅居者"）号火星车的美国"火星探路者"号探测器发射升空，1997 年 7 月 4 日它在火星阿瑞斯平原着陆。

　　2004 年，"勇气"号和"机遇"号火星车先后到达火星。两兄弟的漫游能力比旅居者要大得多，装备也更先进，而它们的智能化程度是前所未有的。就像人一样，它们只要发现哪些岩石看上去有意义，就会自动开动 6 个轮子走过去，伸出装备着显微镜、研磨器和识别设备的能够灵活伸展、弯曲和转动的机械手，解读岩石和物质中所记录的有关古代火星的故事。

　　专家认为，机器人将来还会发挥更大作用。在未来的研究中，人们需要研制智能化程度更高、力气更大、跑得更快的火星机器人团队。

　　如果你看过火星轨道探测器发回来的高清晰度、超高分辨率的照片，或者有机会从网上检索到火星照片的话，你就知道火星上遍布火山口、山脉、峡谷和各种各样有趣而危险的地形。像这些有着分层堆积物、沉淀物、碎裂和断层的地方，正是寻找火星水源、火星生命的重要地方。但是目前在火星上的探测器，包括将要发射的"好奇"都无法到达那些变化莫测的地方。就以现在正在火星上勘察的"机遇"号为例，它已经抵达火星表面7年多了，主要任务是勘察火星上陨坑，揭示陨坑内的秘密。它曾勘测了"鹰状陨坑"和"奋进陨坑"，还进行了两年多的"维多利亚"陨坑之旅，但是，它始终徘徊在"维多利亚"陨坑的锯齿状边缘，125米深的陡峭悬崖使它望而却步。因此，研制一种可以深入火星陨坑内部探险的火星车始终是火星研究人员的愿望。

在"好奇"号的着陆方案上，美国航天专家决定利用一种与"空中吊车"相似的飞行器"太空起重机"将它直接放置到火星表面。"太空起重机"具有八个制动火箭发动机，在这些制动火箭发动机打开之前，科学家将首先利用降落伞进行减速，然后在距离火星表面1000米的时候启动它们，大约在距离火星表面35米的时候，"太空起重机"将用一条绳索把火星科学实验室慢慢地放到火星表面，这与起重直升机S-64搬运货物的方式相同。当火星车的车轮接触地面时，"太空起重机"就会飞到距离火星车着陆点500~1000米的地方降落。

自2002年以来美国宇航局就一直在进行"太空起重机"的研究计划。这项技术里还包括一个登陆雷达和危险防御系统。"太空起重机"可以帮助我们了解火星表面火星车着陆地的地理环境，最重要的是它不会干扰火星车的着陆地。

2010年2月9日，据美国宇航局网站报道，美国宇航局和通用汽车公司联手研制出第二代人形机器人，并加速将其应用在汽车和航天工业领域的相关技术研发。

通过应用先进的控制、感应和影像技术，通用汽车与宇航局的工程师和科学家根据太空行动协议在位于休斯顿的约翰逊航天中心共同开发出第二代人形机器人"机器航天员2号"，简称R2。与上一代相比，R2的移动速度更快、更灵活、技术更加先进，它拥有类似人类的灵巧手指，可以帮助人类完成枯燥、重复或者危险的任务。相比20

人类登陆火星少不了机器人做伴

火星吊车

世纪末问世的"机器航天员1号",第二代
人形机器人的手指活动关节增加至4个,使
它能够完成一个航天员需要带着手套完成的
精密任务。它将被用来与人类并肩工作,帮
助通用汽车生产更加安全的汽车和建设更加
安全的生产工厂,或协助美国航天员完成一
些危险的太空工作。由于安装了特制传感器,
这款机器人还能感受其他物体带来的压力。
这样在太空行走时,如果机器人不慎碰到了
人类航天员,传感器就能马上关闭机器人,
以避免意外事故发生。

美国正在测试的火星起重机

采矿机器人与航天员并肩工作

想象中的火星飞船

普罗米修斯计划

在世界众多民族的信仰之中，都有关于对火崇拜的内容。以古希腊人为例，他们认为火在世界上的出现，源自普罗米修斯的神话。

在希腊神话中，人类是普罗米修斯创造的。他也充当了人类的老师，凡是对人有用的，能够使人类满意和幸福的，他都教给他们。同样的，人们也用爱和忠诚来感谢他、报答他。但最高的天神宙斯却要求人类敬奉他，让人类必须拿出最好的东西献给他。普罗米修斯作为人类的辩护师触犯了宙斯。作为对他的惩罚，宙斯拒绝给予人类为了完成他们的文明所需要的最后的物品——火。普罗米修斯想到了一个办法，用一根长长的茴香枝，在烈焰熊熊的太阳车经过时，偷到了火种并带给了人类。

于是，宙斯大怒，他差人将普罗米修斯带到高加索山，用一条永远也挣不断的铁链把他缚在一个陡峭的悬崖上，让他永远不能入睡，疲惫的双膝也不能弯曲，在他起伏的胸脯上还钉着一颗金刚石的钉子。他忍受着饥饿、风吹和日晒。此外，宙斯还派一只神鹰每天去啄食普罗米修斯的肝脏，但被吃掉的肝脏随即又长出来。就这样，日复一日，年复一年。直至一位名叫赫剌克勒斯的英雄将他解救出来为止，他一直忍受着这难以描述的痛苦和折磨。

现在我们常把普罗米修斯比喻为了他人而宁愿牺牲自己的人。

2003 年 4 月 29 日，第 40 届全美航天大会在卡纳维拉尔角开幕，美国宇航局局长奥基夫宣称，美国宇航局正在实施一项计划，该计划试图研制一种核动力，并把它装载在航天器上，以作为新一代航天器的动力装置，从而使下一代航天器能拥有充足的动力，可以到达更远的空间，并能大大缩短在航行期间所耗费的时间。这项计划被称为"普罗米修斯"计划。

"普罗米修斯"计划产生的直接原因是美国宇航局的另一个计划——"木星冰月亮"计划。现在已经知道，木星有 61 颗卫星。在航天技术诞生之前，人们只知道由伽利略用望远镜发现的木卫一、木卫二、木卫三和木卫四，这 4 颗卫星被称为伽利略卫星。这 4 颗卫星个头很大，距离木星很近。1979 年，"旅行者"1 号探测器飞经木星，它对木卫家族的探测使天文学家对这 4 颗卫星产生了浓厚的兴趣。

"旅行者 1"号发现，木卫一跟其他卫星不一样，它的表面没有众多的环形山，但是却有活火山，它们猛烈地向外喷发着。但是，另外 3 颗卫星就大不一样了，它们的表面由冰构成，在它们的内部，可能含有液态水分，人们猜测在它们的内部有可能存在简单的生命，于是，它们在太阳系卫星家族中的地位被陡然提高，人们称它们为"木星冰月亮"。

1995 年底，"伽利略"探测器也曾探测木卫家族，它对冰月亮的探测进一步表明，这 3 颗卫星的表面都含有冰层，多种迹象都显示，在它们的下面，包含着有盐水的海洋，这使科学家对它们的兴趣进一步提高。但是因为设计有限，"伽利略"探测器不能对它们展开进一步细致的研究，于是，一个新的探测计划开始浮出水面，这就是"木星冰月亮"计划。

"木星冰月亮"计划将要对这 4 颗卫星展开详尽的探测，给这 4 颗卫星拍摄大量的照片，还要绘制这些卫星的地表图，并对环绕这些卫星周

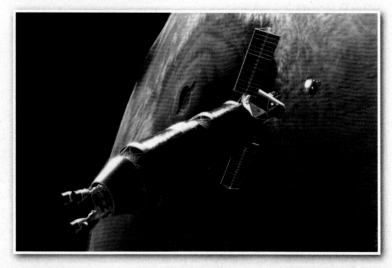

核动力飞船抵达火星示意图

围的放射性环境、磁场等进行研究。它上面所包含的先进仪器有：新型太空雷达、磁力计、红外成像仪、高分辨率太空照相机，以及专门研究每颗卫星附近原子及尘埃的新型仪器等。此外，它还要释放着陆器，对木星卫星的表面和深层土壤进行研究分析。携带这么多的设备，使该艘探测器

采用核动力飞行的"卡西尼"号飞达土星光环

的总长度达到30米以上。这样一个庞然大物行动起来当然很不灵便，但是，探测任务却要求它行动灵活，因为它要在几个冰月亮之间来回穿梭。现有的航天技术还没有办法把它发射升空，也没有足够的能量让它随意更改自己的方向。今天的探测器还是广泛地使用化学燃料，它们的主要作用就是产生瞬间爆发力，把航天器送上太空。当这些航天器飞到太空的时候，要想飞往更远的目的地，只有使用行星借力式的轨道来运行，这样环绕太阳运行的轨道方式需要花费太多的时间。

还有一种方式，那就是电火箭助推方式。这种方法是利用阳光产生电能，再利用电能把惰性原子电离，然后产生推力。这种方式能量利用率很高，它比化学能量的使用效率高十倍。但是它有一个致命的弱点，那就是它所产生的推力是很有限的，不能推动大型航天器。

利用太阳能也只能提高探测仪器上的常规电力需求，它们还无法产生推动航天器前进的动力，另外，当航天器远离太阳的时候，

1977年8月20日和9月5日，美国发射了"旅行者"1号和"旅行者"2号探测器。

太阳能也就失效了。航天技术已经发展 50 多年了，进入新世纪，人类的航天技术取得了一个又一个值得骄傲的成就，但由于一直也没有找到合适的能量，航天器的速度丝毫也没有提高，这使科学家们感到无奈，于是他们想到了已经十分成熟的核技术。

当年第一颗原子弹爆炸的冲击波也激发了人们的创造力，人们首先把它用于战争，还把它设计成用来发电的核电站，更加普遍的用法是装载在航空母舰或潜艇上。核技术经过了几十年的发展，对于大多数潜艇来说，总体安全性基本让人满意，于是科学

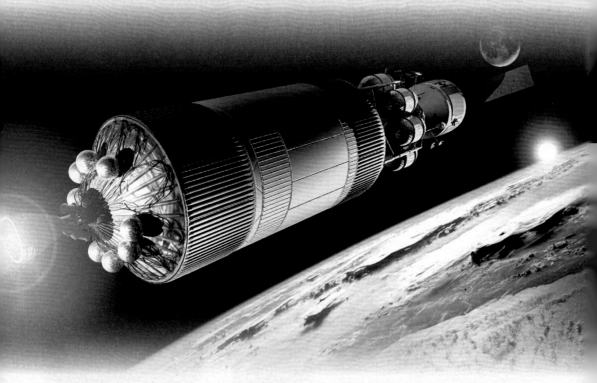

美国"星座"计划也将采用核动力装置

家设想将它也应用于航天计划，"普罗米修斯"计划就是这样产生的，它将为"木星冰月亮"计划提供充足的动力，满足它的多种能量需求。

按照原来的设想，"普罗米修斯"计划开始于 2003 年，5 年完工，从时间上来说，2008 年开始执行"木星冰月亮"计划比较合适，原来也是这样安排的。但是由于"木星冰月亮"计划不断增加了更加复杂的探测要求，这一计划也一再耽搁，后来又定于 2011 年执行。但在布什总统的新太空计划中，它被推迟到 2015 年。

"木星冰月亮"计划的很多探测设备可以使用原有的比较成熟的技术，不需要单独为它研制，对于它来说，核动力是最关键的技术，所以，"普罗米修斯"计划直接

影响到"木星冰月亮"计划的命运。不仅如此，"普罗米修斯"计划还将影响其他的太空探测器，这个为木星卫星设计的动力系统可能首先应用于火星探测上。"好奇"号是一个巨型火星车，它不仅重量远远超过它的前辈，而且执行使命的时间也超过了它的前辈。这就需要它有超常的能量系统，美国宇航局已经决定该火星车将使用核技术为能源。

相关链接
空间核反应堆

　　空间核反应堆(简称空间堆)是一种将反应堆核裂变能转变为电能供航天器及其负载使用的新型电源。它可以为航天器提供千瓦级电力，从而增强其工作能力，拓展应用领域。与传统的太阳能电池阵和蓄电池联合供电相比，空间堆的优势主要包括：单位质量功率大、成本低；不依赖太阳能，不受尘埃、高温和辐射等因素影响，环境适应能力和生存能力强；体积小、重量轻，可有效减轻火箭推进系统负荷，增加航天器有效负荷和可靠性。

　　俄罗斯、美国、法国、德国和日本等国从20世纪60年代起就开始开展空间核反应堆的研究，目前只有美国和俄罗斯进行了实际发射。截至2004年，俄罗斯供发射了37个使用空间核反应堆供电的航天器；美国发射过一个类似装置。俄罗斯总统梅德韦杰夫2009年11月在发表年度国情咨文时指出，俄罗斯将在能源发展和节能领域优先考虑发展核能源，特别是在建造星际飞行动力装置方面将积极采用核技术研究成果，计划在2018年前拨款170亿卢布(1美元约合30卢布)用于核动力飞船研制项目的实施。克尔德什研究中心将负责核动力飞船的研制工作，按初步计划，飞船的设计制造分三个阶段：到2012年结束飞船的初步设计并实现计算机模拟其工作流程，在2015年前研制出飞船的核动力装置，到2018年核动力飞船将升空飞行。

猎户座核动力飞船想象图

火星上的"太阳神"

人类在征服宇宙的征途上，所取得的每一次进步，都有着单晶硅的身影。宇宙飞船、人造卫星都要以单晶硅作为必不可少的原材料。航天器材大部分的零部件都要以单晶硅为基础。离开单晶硅，卫星会没有能源，没有单晶硅，航天员不会和地球取得联系，单晶硅作为人类科技进步的基石，为人类征服太空作出了不可磨灭的贡献。

在北极进行测试的太阳帆板

火星探测器进行所有的探测活动所需的能源都是由探测器上携带的太阳能电池板转化太阳能得来的，太阳能电池板把太阳能转化为电能，供给火星探测器使用。这样，火星探测器可以在距离地球数千万千米之外的火星上接收来自地球的控制信号，进行一系列复杂的探测活动。这些能源的来源都是以单晶硅为材料制成的太阳能转换器，火星探测器在火星上的能量全部来自

月球探测器上少不了太阳电池

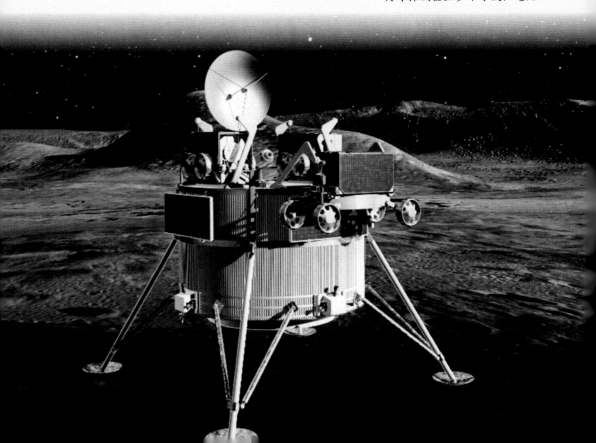

太阳光，探测器白天休息——利用太阳能电池板把光能转化为电能存储起来，晚上则进行科学研究活动。也就是说，只要有了单晶硅，在太阳光照到的地方，就有了能量来源。

不知道你发现了没有，在你的日常生活里，单晶硅可以说是无处不在，电视、电脑、冰箱、电话、手表、汽车，处处都离不开单晶硅材料，单晶硅作为科技应用普及材料之一，已经渗透到人们生活的各个角落。

21 世纪是材料的世纪，科学技术的飞速发展给人们的生活带来了日新月异的变化，而每一项科学技术的应用与普及都与单晶硅有着密不可分的关系，单晶硅作为科技基础材料已经成为科技发展的基石和人们日常生活中必不可少的一部分。

2001 年 8 月 13 日的一次高空飞行试验中，以太阳能为动力的"太阳神"（Helios）飞行器取得了巨大成功——它飞到了 3 万米的高空，一举打破两项世界纪录。

夏威夷当地时间 8 月 13 日上午 8 点 48 分，这架由螺旋桨推动的无人驾驶飞行器从考艾岛发射基地起飞。经过 5 个多小时的"漫漫"飞行旅途后，当地时间 13 日下午 2 点 04 分，"太阳神"已翱翔在近 2.47 万米的高空，打破了 1998 年由它的姊妹花"新型探路者"——美国宇航局的另一种小型太阳能飞行器——创造的 2.43 万米的螺旋桨飞行器高空飞行纪录。

16 分钟以后，"太阳神"抵达 2.60 万米的高空，刷新了美国洛克希德公司研制的一代谍机之王——SR - 71"黑鸟"超音速高空侦察机 1966 年创下的 2.59 万米高空飞行纪录。"太阳神"最终攀升到了 3 万米的高度，创下了新的高空飞行世界纪录。

耗资 1500 万美元打造的这架"太阳神"，被喻为"翱翔的翅膀"。它有着设计精湛、造型独特的外形：一眼望去，巨大的机身就像一个舒展的大翅膀——翼展 75 米，比波音 747 还宽，机上 14 个螺旋推进器一字排开，一派磅礴气势。别看"翱翔的翅膀"俨然是一个庞然大物，体态却极为轻盈——总重量才 707 千克，比大多数小轿车还轻巧。

机身构造看似"一字"那样简单，为何能飞到令其他飞行器"望空兴叹"的高度？这其中的奥秘全在它的巨大翅膀上：在这个 75 米宽的翅膀上，密布着 6.5 万个碳单晶太阳能电池，高度聚集太阳的光能，并将之转化为电力，储存到 2 个小型的发动机上，继而推动 14 个"轻如鸿毛"的螺旋推进器，最后"太阳神"飞行器

中国"环境卫星"A 太阳帆板光照试验

轻巧自如地飞上了蓝天。

但在琳琅满目的飞行器中，"太阳神"之所以能独占鳌头，靠的是飞行高度，而绝非飞行速度。

如果论速度，"太阳神"且不说比不上"比导弹飞得还要高、还要快"的一代谍王"黑鸟"，即使与波音飞机相比，"太阳神"也相差十万八千

"太阳神"飞行器

里——它起飞的速度仅相当于自行车的行驶速度，而在飞行过程中时速也只有30~50千米。

但是，3万多米高的太空是一个从未有任何飞行器涉足的地方。在3万多米以上的高空，地球大气的状况已非常接近火星的大气状况。以太阳能为动力的飞行器发射到火星的大气层附近，可以获得有关火星的许多珍贵资料。因此，科学家们预测，如果能利用"太阳神"搜集到高空大气的一些数据，那么，未来登上火星的飞行计划就不再只是地球人一厢情愿的美好梦想。

未来火星上的发电设施

人类的新前线

　　火星是一个寒冷贫瘠的星球。肆虐的尘暴和它的大气条件都使得人类无法在火星居住。然而，许多科学家都相信，它将是新千年人类的乐园。向"红色星球"火星移民一直是科学家们的梦想，也是很多科幻小说的主题。登陆火星就像一场球赛。要想赢得比赛，乐观与信心不可或缺。

　　当然，更多的科学家认为与其改造火星，还不如把更多精力投入对地球环境的保护，这比改造火星更为现实也更为经济。既然如此，人类为什么要去火星呢？

　　在霍金眼中，人类探索火星的真正任务是要了解45亿年前，火星与地球几乎同时起源，但为什么后来这两颗星球会走上如此不同的道路。美国天文学家卡尔·萨根认为，火星探索有着科学研究、发展航天技术、教育以及环境保护等多方面的意义，甚至火星任务还有促进和平的可能。他认为，载人登陆火星单个国家难以承担，他希望能实现国际合作，派出人类共同的使者。

　　对于很多极端热衷于火星探测的人来说，去火星根本不是"是否"、"为什么"和"如何"的问题，而是必须的。它将告诉我们火星上是否存在过或者仍然存在生命。它将大大地推进航天技术，并且鼓舞下一代。当然，它还会把人类送上另一颗行星。火星是科学之所在、挑战之所在、未来之所在。它是人类新的前线。

霍金是移民火星的支持者

位于北极圈内的加拿大德文岛上的模拟火星空间站鸟瞰图

欲登火星 先上北极

2008年11月16日，有4万名火星探索粉丝在网站上跟刚刚退役的火星登陆器"凤凰"号话别。在为期150天的任务期间，"凤凰"号在火星上发现了水，这一发现可能会使科学家更加坚信，火星将是未来人类移民的理想场所。但是第一次载人太空任务至少要在20年后才能进行。在这种情况下，太空移民看起来似乎仍像一个白日梦。

有许多发烧友心有不甘，以实际行动向"火星之旅"的梦想迈进。

对于任何事情，成败的关键在于准备阶段。"火星之旅"成功的前提是要进行各种探险和模拟实验。在火星探险任务中，必须要事先认真制定好详细的计划，因为火星上有太多的未知数和不可控因素。

国际火星学会是一个由一些著名科学家和工程师等组成的民间组织，是开发火星和向火星移民的积极倡导者。2000年夏季，国际火星学会宣布在北极地区建起一座模拟火星空间站，这座模拟空间站建于北极区内的加拿大德文岛上。虽然北极地区自然条件在某些方面与火星差异较大，但德文岛拥有地球上最接近火星表面的环境。

荒芜的德文岛上寸草不生、极端寒冷和干燥，其表面为岩脊、谷地和陨石坑所覆盖，具有在夏季降雪、不结冰的特点，而且白天的温度跟火星夏季白天的温度相似。德文岛的霍顿陨石坑甚至被称为"地球上的火星"。因此，国际火星学会把加拿大霍顿陨坑当作执行探险任务的训练场所，当作一个可操作的实验平台。

模拟火星温室

火星空间站居住设施

模拟火星空间站将主要由以下几部分组成：可供6人生活与工作的三层"生活舱"、可充气的温室、可存放自动考察车的车库以及一组太阳能电池板。"生活舱"主要为圆柱形建筑，其直径为8.4米左右，内部包括储藏室、无尘实验室、健身房、办公室以及卧室等。

模拟火星空间站建成后，可用来训练航天员如何适应将来可能在火星上遇到的与地球极不相同的环境，另外也可帮助科学家和工程技术人员对火星考察所需的火星车、钻探设备、水循环系统等进行测试。这些为研究人类登上火星后可能遭遇的种种困难提供宝贵经验。

除了学习人类在未来登陆月球或火星表面后该如何进行各种操作，还包括遥控设备系统的学习和适应。比如，测试遥控火星飞机在低海拔地区的遥感性能。这些表面探险操作包括：探险流程、探测器使用，什么情况可能会造成航天服的磨损，如何建立起通信网络和导航网络等。

有些火星发烧友还搜集了地球上最像火星的8个场所，加拿大德文岛位列其中，其他分别是：

1. 美国犹他州火星沙漠研究站

犹他州火星沙漠研究站是一批志愿者的家园，这些人居住在模拟火星居留地里。虽然这里比火星上更温暖，但是这里的地形和地貌跟火星非常相似。这里所有的人都穿着太空服工作，他们收集与地形有关的信息，分析这个地区的地质和生物学概况。

温室里种植的蔬菜

2. 智利阿塔卡马沙漠

智利的阿塔卡马沙漠比美国死亡谷国家公园干旱50倍，它的干旱程度在地球上位居第二，排名第一的是另一处与火星类似的地方——南极洲的麦克马多干河谷。阿塔卡马沙漠跟火星非常相像，这里几乎没有生命，常

办公室

年遭受强烈的太阳辐射。

3. 澳大利亚阿卡罗拉地区

在澳大利亚内地的阿卡罗拉地区进行的科学探索活动一直没有停止，这些活动的目的是开发一些可用于未来火星任务的方法和技术。将来这里将建设一座新火星模式研究站。

4. 雷勘克博火山

在智利与玻利维亚的边境地区，与阿塔卡马沙漠比邻的是雷勘克博火山。雷勘克博火山是地球上海拔最高的湖的所在地。这个湖低氧、低压，然而遭受的紫外线照射很强，这些因素结合在一起，使它变得跟远古时代的火星湖非常类似。研究雷勘克博火山有助于科学家了解远古火星上是否适于居住，以及是否以后生命可以迁往这颗行星。

5. 西班牙力拓河

西班牙的力拓河，是研究可在酸性高、含铁量大的极端环境中生存的有机体的一个理想场所。在这里进行的实验，在如何研究含铁丰富的火星的问题上，给科学家提供了宝贵信息。

6. 挪威斯瓦尔巴特群岛

前往挪威斯瓦尔巴特群岛的远征活动，为科学家研究地质概况、地球物理学特征、生物标记和可能生活在火山中心、温泉以及一年四季不枯竭的河流里的生命类型提供了机会，人们认为这些环境与古代火星上的环境类似。

钻探设施

从这些研究获得的信息，将有助于科学家对未来前往火星的任务进行实验。

7. 南极洲麦克马多干河谷

南极洲麦克马多干河谷，使科学家对火星上的天气状况有了一些认识：冰点温度、强劲的风、海拔较低的雨和降雪、每天结冰、每天融化、湿度低和极端的太阳辐射。这一切与火星是多么类似。

沙漠中的火星发烧友

随着人类对火星的了解越来越多，不少科学家已经开始进行移民火星的科学探索。在这些火星发烧友中，最热心的要算美国著名的火星协会了。

位于美国科罗拉多州的火星协会是一个非营利性科研组织，有 5000 名付费会员，他们来自世界 29 个国家，既有来自美国洛克希德马丁公司、美国宇航局的顶

沙漠中乐观的火星志愿者

尖科学家，也有来自世界各地的火星探险"发烧友"，他们目标只有一个——那就是争取实现人类移居火星。这些性急的"火星人"甚至设计好了未来火星共和国的国旗，这面好似法国国旗的旗帜，颜色不是法兰西的蓝白红，而是红绿蓝。

要想移居火星，先要了解一个概念——（外星）环境地球化，这个词的意思是"改变外星的环境，如大气层里的气体，使之接近地球的自然环境"。对于火星来说，最重要的是要让火星上生成人类赖以生存的氧气。对于这一目标，很多科学家认为需要 2~10 万年的时间，因而是遥不可及的。但火星协会的创始人、科学家罗伯特·祖柏林认为，这个过程只要大约 1000 年时间就可以完成。

祖柏林把自己的工作跟哥伦布发现新大陆相提并论，如今他已经制定出一套详细的改造火星计划，而他领导的火星协会则将如"愚公移山"般逐步实施这个惊世骇俗的移民计划，也许 1000 年后，当温室效应最终摧毁我们的家园的时候，祖柏林的移

航天服测试

民计划会成为人类的"诺亚方舟"。

祖柏林宏大的改造计划共分 5 步：

第一步：达到"环境地球化"的临界点

完成自给自足的定居点从而移民火星具体计划的第一步，是先让火星达到"环境地球化"的临界点——使这个寒冷的星球变暖。现在火星赤道附近的温度有时可以达到 0℃ 以上，要使火星的冰冻物质完全融化，至少需要使火星的外层大气达到 40℃ 左右。与地球正在努力遏制温室效应不同，祖柏林表示人类将要在火星上制造一场"巨大的温室效应"。在祖柏林的计划中，完成这一步的时间为 2150 年左右。祖柏林提出了三个让火星变暖的方案，其中第三种方案得到许多科学家的赞同。

第一方案：太空镜。祖柏林给火星加热的第一个方案是一面大镜子，这面镜子的直径将超过 120 千米，在火星表面 21 千米以上的轨道运行。这面镜子将把太阳光反射到火星指定区域，以释放出冷冻地表下面的大气和水。不过，这面太空镜子太大了，人类目前的科学水平还造不出这样的太空镜。

第二方案：小行星撞击。太空中很多小行星都是由冷冻的氨气构成的，而氨气则是重要的温室气体。祖柏林的计划是，让一颗直径 2.5 千米左右的小行星去撞击火星，撞击产生的巨大能量将使火星上的 1 万亿吨冰融化成水，而小行星撞击后释放的氨气也可以让火星大幅升温。他估计，40 次这样的撞击就可以使火星达到适合人类居住的水平。不过，实现这一方案的科学难度也很大。

第三方案：制造温室气体。祖柏林的第三种方案是在火星上人工制造温室气体，这是被认为最为可行的方案。和许多科学家一样，祖柏林认为四氟化碳是最有效的温室气体，他计划在火星上建几处化工厂，不停地制造四氟化碳。根据计算，如果每小时排放 1000 吨这种气体，30 年内火星的平均温度将升高 27.8℃。这一过程预计耗能 5000 兆瓦，5 个核电站就可以满足这些能量需求。

第二步：释放火星土壤中的大气

现在的火星上只有稀薄的大气，但在 30 亿年前，火星的表面包围着厚厚的二氧化碳大气层。由于火星变冷，大部分二氧化碳都被土壤吸收冷冻起来。当人类

沙漠中的工作站

完成改造火星第一步后，温暖的气候将使这些二氧化碳释放出来。祖柏林表示，"土壤中释放出来的二氧化碳可以在20年内让火星温度再升高5.6℃，这时候一些冰开始融化成水，水也开始蒸发，并形成雨雪等天气现象"。根据他的计算，到2200年，火星表面将拥有0.一个大气压的大气。

暮色中归来的志愿者

第三步：种植植物

随着土壤中二氧化碳的不断释放，到2250年，火星上的大气含量将达到0.2一个大气压，相当于地球的五分之一，其中大部分是二氧化碳。此时的火星居民不用穿太空服就可以走出户外，当然他们还需要氧气袋；普通飞机可以在火星上起降；人们还将建设一个带有穹顶的封闭型城市。

一旦火星赤道附近的温度长年保持在0℃以上，火星上就可以有稳定的液态水供应，到2250年，火星已经可以生长植物，不过祖柏林表示，"最先考虑培育的，应该是能够促进光合作用的菌类和苔藓"。

第四步：收获氧气

植物的生长，意味着氧气的产生，光合作用使二氧化碳逐渐变成氧气。

为了加快制造氧气的速度，火星居民将大规模种植各种植物，并小心处理各种垃圾，因为垃圾腐败会制造大量二氧化碳。此外，基因工程将帮上大忙，祖柏林预计，届时科学家将培育出能释放更多氧气的"超级植物"。

第五步：再等1000年

前面的规划看起来似乎很顺利，50年就可以制造大气，再过50年可以在火星上散步，但接下来的是一个漫长的过程，因为要使火星植物释放出足够人类自由呼吸的氧气，大概需要1000年。在这1000年里，火星居民要不停地种植、收获，努力"生产"更多的氧气。

美国西部犹他州的沙漠是一片人迹罕至的不毛之地，到处都是赤红色岩石。在距离沙漠中心最近的一条公路上狂奔40千米，都不会看到任何一辆车经过。由于这里的地形地貌与火星非常相似，美国宇航局的科学家就在此处进行过航天服的实地测试。一批怀着探索热诚与强烈使命感的年轻科学家则在这里建立了火星生活环境模仿基地——犹他州火星沙漠研究站(MDRS)。

坐落在沙漠深处的研究站是一个需要依靠定位装置才能找到的小型类似马蹄形建

筑。基地分上下两层，第一层被分割成几个区域，分别放置各种测量、冷却、加热、操作设备，以及保存航天服和头盔。二层是起居室，里面散落着电缆、电脑、收音机等日常用品，墙上贴满了火星地图和工作人员的日志。

这个研究站是由火星协会创办的科研基地。项目副主任阿尔特弥斯·韦斯坦伯格说，研究站的存在"给了科学家一个研究平台，让我们了解如何在火星上生活，并向其他太空机构提供火星适合生存的证据"。

火星协会创始人罗伯特·祖伯林介绍说："这里的一切就像是彩排，我们期待发现哪些装置在火星上可以运作，哪些不行，哪些技术、材质、工具还需要继续研究。"

"如果是到准备进行稳步拓展基地的时候，那大概还要 50 年。不过对我们现在这种渴望看到成果的研究者来说，这个时间就是一辈子。人们完全有理由确信，那一天终究会到来，只是我们在迈往这个目标时所遇到的每一项挑战，都会无比艰巨。"

而对于正在犹他州沙漠里兴致勃勃模拟火星生存的年轻人来说，或许目前最重要的就是保持住自己的梦想不要褪色。这个小小的研究站中生活着一批志愿者，他们都是 20 多岁的科学家和工程师。这些太空"发烧友"有着一个共同的野心：有朝一日前往火星。

为达到这一目标，他们前来这里参加模拟火星生活的试验。这些人住在一个直径 8

火星车测试

米的白色模拟"太空舱"内，一切生活须遵循太空原则：比如时刻穿着太空服、戴头盔，只能食用少量食物，就连与"地球中心"的通信也会模拟火星与地球的通信状况，会有延时。此外，他们还会模拟舱外太空行走，足蹬笨重的靴子，手戴大手套，背与头盔相连的呼吸机。

火星上的氧气含量是地球的两百分之一，因此航天员想独立呼吸是不可能的；那里的平均气温是零下 53℃，裸露在外的皮肤会被冻伤；火星表面的压力只有地球的百分之一，如果直接暴露在火星表面，人的内脏也会破裂。因此，在模拟生活中，所有人必须穿着沉重的太空服生活，这样肯定会使平时看起来非常简单的动作变得非常困难，比如提取土壤样本，到了火星上就立刻成了"体力活儿"。

尽管困难重重，但这项试验正越来越有意义。25 岁的工程师尼马尔·纳瓦特纳姆负责开发雷达，探寻火星上的冰。正在攻读液体力学专业的南希·苏廷斯对火星灰尘习性特别感兴趣。24 岁的工程师汤姆·海伊洛克正开发火星车。21 岁的珍妮·白吉纳特表示："同与我有着同样激情的人围在桌子旁讨论问题非常刺激，他们会激发你向着认定的研究方向继续前进。"

研究站获得的资助非常有限。火星协会的经济来源只能依靠私人捐助。不过捐助者中不少来头不小，其中就包括美国 PayPal(支付宝) 公司创始人之一、现特斯拉汽车公司总裁艾伦·马斯克。

这是一群拥有卓越才华与非凡理想的年轻人团体，不过现实也是残酷的，火星协会的草根性质注定了他们不可能获得完成一次火星任务所必需的大量资金，他们什么都没有，有的只是一腔热诚。

试穿航天服

漫长的寂寞之旅

　　火星探险远离地球，对航天员是个巨大的考验。有人这样比喻：去往月球就好比从纽约向外划船几千米，而前往火星则是扬帆横穿大西洋。

　　1492 年 8 月 8 日，哥伦布率 3 艘帆船远征，随着时间流逝，思乡病开始蔓延，水手们频频闹事，想掉头回家。到了 10 月，哥伦布也焦虑起来，发誓如果三天内看不到陆地就返航，幸好不久看到陆地，使他们从绝望中摆脱出来。

　　人类第一次飞向火星时，也许和哥伦布面临的挑战相似。载人登火星任务要求航天员在狭小的飞船内，在失重状态下忍受长达两年半的寂寞航程。去火星旅途中 4 ~ 6 个人会在一个铝罐子中住上 6 个月。在降落到火星表面之后，航天员们又要在狭小的空间里住上 600 多天，直到地球再一次运行到特定的位置他们才能启程回家。最终，这些无畏的探险者将从火星表面起飞，在另一个铝罐子里再呆上 6 个月直至抵达地球。

　　月球旅行在从发射到返航的全过程中都有放弃任务的机会。但火星之旅则不行。

国际空间站剪影

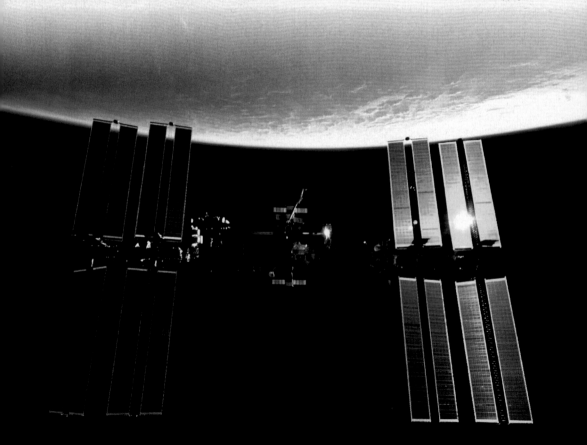

从国际空间站上眺望星空

一旦离开地球，机组成员就走上了一条不归路。

失重会使人头脑昏沉，失去方向感。而且，绝大多数航天员初上太空会产生视力下降，嗅觉、味觉迟钝等症状。而最无法消除的还是远离家园的孤独感和狭小空间的幽闭感以及辐射。此外还有骨质丢失，专家分析，每飞行100天骨质丢失可达10%，这就意味着航天员完成火星之旅后有可能瘫痪。所有这些问题，都是专家们一直在研究希望解决的。

1986年，前苏联和平号空间站升空，成为人类太空实验场。在和平号空间站，科学家对航天员的体育锻炼、饮食作息进行长期监控，研究发现失重对心脏功能有较严重影响，空间高能粒子对视网膜的损害也比较大。此外，航天员还可能患上运动失调综合症。

2001年，和平号空间站寿终正寝。由16个国家共同建造的国际空间站接替了它。国际空间站的设计更为合理，充分考虑了航天员在太空长期居住对生理和心理双方面的要求。国际空间站不仅给了每个航天员自己的空间，甚至允许航天员带电脑、玩具、家人照片、书籍等，尽量使航天员有一种在家的轻松感。

载人火星探险至少要1年半时间，给养成了大问题。目前，无论在飞船内还是在空间站，航天员吃的都是从地球带去的食品。现在各国科学家正在研究一种"自养循环系统"。目的是人类飞向火星时，在飞船内可种植能长期生长在太空环境中的植物，并养一些小动物，与航天员共同组成小生态圈，使各种资源能够循环利用。这项研究对于将来建设月球基地、火星基地十分重要。中国在这方面做了很多有意义的实验。1990 年，一批蚕卵乘返回式卫星在太空飞行 8 天，完成孵化过程。回到地面后，小蚕逐渐长大，科学家惊讶地发现它们的生命周期缩短，

用特殊材料制成的火星居住舱

正常蚕经四眠成熟，吐丝结茧，而它们三眠就成熟了，而且很多蚕身上长出两个奇怪的泡泡。目前各国都在研究，但均处于初步阶段，实验效果并不理想。

2008 年秋天，由日本科学未来馆设计制作的"67 亿人的生存"——"迷你地球"在南京免费开展，向中国市民展现了一个神奇的未来世界。

过去 20 年，全球人口由 50 亿增长到 67 亿，增加了近 34%。在这个越来越拥挤的世界，人类如何才能够继续生存下去？面对日益严峻的环境、能源、食物等方面的问题，我们又将如何应对？或许有一天，地球终究无法满足人类的发展，人类将会移居火星。但现在科学家们研究的关键问题已不是如何安全地抵达火星，而是如何在火星恶劣的环境下生存。

把两个人、两头羊放在一个封闭的空间里，人和羊将如何生存下去？这就是"迷你地球"实验。实验的目的是模拟在一个封闭的空间内，氧气和二氧化碳在植物、人类和动物之间的循环。两名居住者的任务和我们日常生活一样，但他们的角色却更多

未来的火星工作站

样。他们的食物以及山羊的饲料都来源于植物，而栽培植物的肥料则来自于人和山羊的排泄物。这两个人每天都要进行植物栽培、食物的加工调理、动物饲养、机械操纵、卫生和健康管理等多项繁杂而细致的工作，既当生产者，也是消费者，实现真正意义上的自给自足。

未来的火星种植场

这个实验从 2005 年开始在日本进行，为期 5 年。每批试验人员在"迷你地球"里进行为期 4 个月的封闭居住。两个人的生活区域占据了"迷你地球"1/4 的面积，有两张床、电脑和固定的脚踏健身车。相邻的房间用来饲养山羊。研究人员还尝试在可以调控温度、湿度和光线的房间里种植水稻和大约 30 种蔬菜。居住在内部的人只能从外部得到电力供应和信息。内外联系是通过电话、电子邮件和互联网。

在太空旅途中怎样从事农业生产？没有阳光，植物还能生长吗？目前，专家们已经利用新的 LED 技术初步摸索出了人工合成光合作用的一些"配方"。专家们发现，植物只利用阳光中特定波长的能源来进行光合作用，不同色彩的光线能控制植物的口感和长相。红色的光可以让莴苣生长，但叶子却有些软；但是如果只有蓝色的光，则会让莴苣口感乏味，或是苦味消失。只有在绿色的光照下，莴苣才长得最好。相对亮度的每一个 LED 灯中，8% 的蓝色光和 92% 的红光最有利于植物生长。研究发现，利用白色 LED 光来栽培花，红、蓝、绿色 LED 光等来栽培植物；用金属卤化物灯来栽培香草和蔬菜；用水耕、荧光灯及特殊的反光材料来栽培番茄，还有自动控制光和温度使幼苗不受外在环境影响的育苗室。

植物在不同光合作用下的状态居住舱

LED 光源能够任意定量调控光密度、光波长，是光生物学研究的理想实验设备，而且对环境没有任何污染。随着新技术的迅猛发展，现在最便宜的 LED 材料每粒只要几分钱，有了大规模运用的条件。现在，这种"LED 种植植物"的技术在日本非常流行。

谁将第一个上火星

漫长的火星之旅意味着这些未来的火星探险者都必须在一个狭小的飞船里完全自给自足地生活 17 个月。为此，他们在正式展开火星之旅前将首先接受一系列测试，从而确定他们被关在狭小的空间里会产生怎样的生理和心理影响。

美国著名行星科学家帕斯卡里说，他年轻时曾经作为一名地球物理学家在法国迪尔维尔南极考察站呆过 402 天。在那里，任何一点细节都有可能掀起轩然大波。比如，谁拿走了他的铅笔，都会变成一件大事。因为在那种环境下，人们所有求生的本能都会变得很敏感。

2006 年，俄罗斯科学院医学生物研究所发布信息，选拔 6 位年龄在 25~50 岁之间的"火星乘客"，其中包括飞船船长、随船工程师、随船医师和 3 名研究人员。这项名叫"火星 500"的项目估计耗资 1100 万欧元，大部分经费来自俄罗斯宇航科学院。除了欧洲空间局外，组织者还欢迎其他国家的航天机构积极参与。申请参加这一项目的志愿者，必须具有大学文凭，年龄在 25~50 岁，必须能讲流利的俄语和英语，医生、生物学家和工程师将优先考虑。欧洲空间局主要接受来自欧洲国家的申请，负责征召 6 名志愿者中的 2 名。俄罗斯生物医学问题研究所则收到了来自亚美尼亚、澳大利亚、保加利亚、巴西等国的申请。成员的多样性是实验成功的关键，科学家们确信最终飞

参与 105 天模拟火星试验的 6 名志愿者

往火星的不会只有俄罗斯航天员或美国航天员，而是代表不同人种的不同成员。

2007年6月19日，欧洲空间局在巴黎国际航空航天展览会上正式发出通知，在欧洲招募12名志愿者，参加"登火星"计划地面模拟实验，为未来的火星登陆计划进行必要的准备。通知说，此次地面模拟实验将与俄罗斯合作，并在莫斯科的俄罗斯医学生物学课题研究所内进行。

"火星500"项目模拟设施

挑选志愿者的程序与选拔航天员的程序大致相同，但在志愿者挑选过程中将更加注重心理素质，而对身体素质的要求则相对较为宽松。

经过1年多筛选之后，2008年12月11日，欧洲空间局公布，已从5680名候选者中选出了4名年龄在28~40岁之间的"火星航天员"。他们分别是：40岁的A-320空中客

4名欧洲"火星航天员"

车飞行员西里尔·富尼耶、32岁的工程师阿尔克·加亚尔、34岁的计算机系统工程师赛德里克·马比洛特，以及28岁的德国工程师奥利弗·克尼克尔曼。4人中除了工程师奥利弗是德国人之外，其余3人均为法国人。

2009年3月开始，4名欧洲"火星航天员"中有2人和4名俄罗斯人被关进由俄罗斯医学问题研究所设计的位于莫斯科的一个全封闭装置中长达105天。而另外2人则作为替补，必要时替换先进去的2人。从2010年6月3日开始，另外6名"火星航天员"呆在一个密闭的地方520天——而这一时间正好是往返地球和火星所必须的时间。

在为期105天的初步试验中，参与试验的舱室总共有4个，而在为期520天的试验中，将额外增加一个模拟火星表面环境的独立舱室。在520天的时间里，试验者要完成一系列科目，包括健康监控、系统控制与维护、操作登陆舱以及一系列科学试验。

历时520天"模拟火星旅行"是未来真正的火星之旅"翻版"。"火星航天员"

将入住的密封舱里一扇舷窗都没有，从天花板、墙壁到地面，都铺上了木板。一旦舱门关闭，他们就几乎和外界断绝所有联系，除非遇到十万火急的情况，比如说"火星航天员"遇到自己无法解决的医疗急救问题。

"火星航天员"大部分时间将在 150 立方米的住宿舱度过。住宿舱比一辆有轨电车稍大一些，是五个彼此相连的无窗功能舱的一部分。住宿舱为每名"航天员"准备了一个寝室、一个公共休息室和一个厨房。试验人员每 10 小时换一次班（白天或者晚上），整个过程中，他们进行了一系列科学试验，以确保容器内所有系统正常工作。另外，飞船模型还将有一个生物医学舱和一个用于储物和健身的功能舱。除了私人住宿舱和浴室外，整个飞船模型安装多台摄像机，一刻不停地监控舱内的一切活动。期间还要模拟紧急事故，用以测试机组人员面对危机时表现出来的勇气和反应能力。模拟紧急事故包括放射物泄漏、飞船发生火灾，甚至死亡事故等。

模拟飞船内没有电视。"火星航天员"只有一部无线电和外界保持联系，为了保证同步模拟的真实性，通话时必须考虑到无线电波穿越太空所造成的 20 分钟"延时"现象。在漫长的"火星之旅"中，他们有充足的太空食品，密封舱里还有个微型的人造温室，供他们自己种点蔬菜调剂生活，换换口味。每名志愿者可以携带一箱私人物品，包括图书、音乐 CD、DVD 以及象棋等。

在"登陆"之前，这些志愿者将在一个分离舱内停留一个月，届时他们身体升在半空中，脚的位置稍微高于头——这样来模拟失重状态。

2009 年 3 月 31 日，6 名被选中的幸运儿揭开第一阶段模拟太空试验的大幕。在一场新闻发布会之后，他们告别照相机的闪光灯，走进彼此相连的圆柱形容器，随着厚重的入口大门的关闭，他们便"消失"在我们的视线中。

2009 年 4 月，105 天的初期模拟试验进入第 4 周，尽管在与世隔绝的环境下生活了近百天，但 6 名志愿者依旧热情洋溢，兴奋之情溢于言表。参与这次试验的 6 名志愿者包括 4 名俄罗斯航天员、1 名法国飞行员和 1 名德国工程师，全部为男性。在这种环境下，他们只能自娱自乐，将全封闭舱房装饰一

相互帮忙理发

新，玩扑克打发时间，演奏自制乐器庆祝"航天员日"。

德国工程师奥利弗·尼科尔在日记中写道："我们坐在乘员舱的地上，一起唱歌，而俄罗斯'指令长'谢尔盖用他的吉他为我们伴奏。西里尔想出了一个绝妙的主意，让我们用空塑料箱子制作鼓和摇响器，就这样，我们组建了一支临时乐队。"

尼科尔还回忆了与同伴玩扑克的经历："我以前可从未玩过这种游戏，

锻炼身体是每天的必修课

我真是被同伴们的技艺折服。过了不一会儿，我发现自己一个筹码都没了，而他们面前的筹码却堆得高高的。"

志愿者与外界的唯一联系是通过控制中心发出的信息，但他们发送的每一句话至少要在 20 分钟后控制中心才能收到，而该中心回复的消息也需要 20 分钟才能反馈给他们，这样做是为了尽量模拟太空飞行环境。他们不许吸烟喝酒，只能像国际空间站上的航天员一样，选用罐装食品和脱水食品。另外，每天还不能洗一个清爽的热水澡，只能在像桑拿室的烘干室清洁自己，用毛巾将身上的汗渍擦干净。

志愿者们的午餐比较"丰盛"，可以从模拟舱内的温室选择一些蔬菜来配餐。法国飞行员西里尔·富尼耶写道："每天，小萝卜、洋葱片、大白菜叶这些东西对我们来说简直就是人间美味。一天最美好的时光莫过于查看我们种的蕃茄和草莓长得怎么样了，何时熟透了。"

每天，志愿者会在欧洲空间局支持下，从事大量试验。他们分析了餐后呼吸中含有的氢量，测试了"电子鼻"。这种电子装置可利用一套过滤系统检测舱内是否有细菌或真菌。他们还接通了 EEG 监控器，用以监控脑电活动，分析隔离生活和电灯对睡眠模式的影响。

富尼耶承认："睡眠可能是这次试验中的一个大问题。由于不清楚是白天还是黑夜，我们的身体逐渐产生了自己的生物钟。我们正在渐渐地延长'白天'的时间，争取做到每天睡觉的时间越来越晚，尽管必须保持每天 24 小时的循环！我们会看到这样做的效果。"

2009 年 7 月，6 名志愿者成功完成了持续 105 天的第一阶段模拟实验。6 名志愿者认为，虽然在整个过程中，他们只扮演了一个很小的角色，但人类迈向火星的步伐又前进了一步。

在这之前，俄罗斯研究人员 2008 年实施了两次为期 14 天的实验，查找设计的任何漏洞和缺陷，以便项目主管设定新的成本预算。

"火星航天员"试穿航天服

2008 年 4 月 27 日，4 名志愿者在密封舱中渡过了 2 周后成功从"火星"返回。此项实验的目的是研究人体组织长期处于封闭与缺氧状态下的反应。在为期 14 天的密封舱实验中，前 6 天舱内氧气含量正常，6 天后每天舱内的氧气量都要减少，取而代之的是氩气。在未来航天员们真正飞上火星时飞船中将供应氧气、氮气、氩气的混合气体，因为这样可以降低飞船在太空燃烧的机率，同时还可以节约氧气。飞船内氧气含量不足会导致人体缺氧，这可能会危及航天员们的生命。但只要在呼吸环境中添加氩气，这一点就可以避免。在火星上已发现有氩气存在，未来航天员们在登上火星时就可以就地取材，而不用从地球上运输来增加飞船的负荷。

2008 年 11 月 15~29 日，俄罗斯进行了第 2 次为期 14 天的实验。共有 5 名男性志愿者和 1 名女性志愿者参与此次实验，并完成了相关研究课题。

2010 年 6 月 3 日，来自中国的王跃和 3 名俄罗斯志愿者、1 名意大利志愿者以及 1 名法国志愿者走进密封舱，开始了为期 520 天的"火星之旅"。这意味着，在 18 个月里，他们不能接触新鲜空气、看不到阳光，甚至无法选择自己想吃的食品。为此，法国志愿者罗曼·查尔斯在日记中写道："再见太阳，再见地球，我们将前往火星。"

相关链接
理想的火星航天员

首先，候选人必须要身体素质和心理素质都符合条件。在心理方面，你不能总是很消沉或压抑。当然，更不能因为是为了逃避问题才决定前往北极或太空，那样只会更加糟糕。

其次，候选人的适应能力要很强。当你前往北极或太空探险时，可能有太多意料之外的事情发生。你不可能总是这样说："我们没预料到这一点。"但你必须要灵活地处理所遇到的难题。既然到了哪里，就必须学会适应。

最后，舍己为人精神也很重要。候选人必须是一位良好的团队协作者，关键时刻可以为他人牺牲自己。

银河系中的隐性杀手

　　人类要想飞往火星，并建立基地，需要解决诸多问题，而航天员所面临的首要问题是如何抵御空间辐射。多年的研究表明，航天员所接受的空间电离辐射剂量可以降低，但不能完全避免。进行太空飞行的航天员在执行任务期间必然受到空间电离辐射的照射。而失去了地球磁场和浓密大气层保护的火星之旅，辐射的风险性将更大。科学家认为累积的辐射剂量将有可能成为人类太空探险中最大的限制因素。

　　空间辐射是一种包含伽玛射线、高能质子和宇宙射线的特殊混合体。至今，人类的航天员基本上从未经历过完全剂量的太空辐射。即使是常年运转的国际空间站，由于它的轨道高度也仅仅只有 400 千米左右。而我们的地球球体通过低层大气的折射，在宇宙射线到达国际空间站之前已经拦截掉了其中最具危险的三分之一粒子，还有三分之一则被地球磁场给反射掉了。仅仅只有很少部分的宇宙射线打到了人体的身上。

　　飞往月球的阿波罗号上的航天员所受到的宇宙射线辐射剂量比空间站中的航天员多 2 倍，虽然整个空间穿梭行程只有数天，但已经让他们的眼睛受到了巨大的伤害，多年后，这些航天员都患上了白内障。阿波罗号上的航天员至今仍然记得，在飞向月球的路上，他们甚至一路看见宇宙射线像火花一样在他们的视网膜上闪耀。幸好除此之外他们似乎没有受到其他伤害。

　　比起月球来，火星离我们地球遥远得多，因此航天员的旅行时间将会长达一年以上。如此长时间暴露在银河系宇宙射线中，对航天员的危害到底有多大，还是一个未解之谜。

　　辐射对人体所产生的危害分为两种：早期效应和远

火星航天员必须全副武装

期效应。早期效应主要来自太阳粒子事件，可引起恶心呕吐、腹泻、便血、脱水、虚脱和休克等急性效应，甚至导致人员死亡。当航天员在月面居住舱外活动时间较长又缺乏适当的屏蔽时，就易于受到此效应的困扰。

可充气的未来火星居住设施

对航天员危害最大的是远期效应。在各种远期效应中又以癌症最危险，其次是中枢神经系统的损伤，第三是遗传效应。但是，目前还不知道火星旅行的航天员，由于辐射暴露而患癌症的概率有多大，其发病率与辐射剂量、剂量率、航天员年龄、性别和暴露时间的关系如何？长期飞行后航天员出现的中枢神经系统的功能性变化（如疲劳、记忆力减退、情绪改变等）在多大程度上是由辐射所致，遗传效应又是怎样？

火星航天员生存环境恶劣

可移动拆卸的火星居住舱

　　在地球上，每个人每年平均接受的辐射量约为 350 毫雷姆。与之形成对比的是，乘坐阿波罗 14 号飞船登月的航天员在 9 天的任务中受到了 1140 毫雷姆的辐射，相当于地球上一个人 3 年中接受辐射量的总和。天空实验室上的航天员在低地轨道停留了 80 多天，他们每人受到的辐射量约为 17800 毫雷姆，等于在地球上呆 50 年。目前，一个航天员进行从地球到火星的往返旅行可能需要 2 年半的时间，在此期间，他受到的辐射将超过 130000 毫雷姆，相当于他在地球上毫无防护地生活 400 年所受到的辐射的总和。

　　科学家经过计算认为，到离地球较远的深空飞行，宇宙射线微粒会"飞"过人体，从而可能损害其脱氧核糖核酸（DNA），使细胞变异，并且显然可以在动物体内致癌，还可以导致白内障和不育症。此外科学家们很关心这种辐射对大脑的影响，长期暴露在宇宙射线中可以引起神经原破坏，从而可能损害记忆和影响思维过程。

　　为进一步详细调查当前所面临的太空辐射的危险，美国国家研究委员会组织了太空和生物学方面的专家，共同研究了这一问题。该委员会在他们的新报告上表示，在目前的情况下，即使具备现有知识，航天员所遭遇的辐射水平将"不能允许人类进行火星探测的任务，也会限制长时间的月球活动"。此外，太空辐射对人体的实际危害还存在许多不确定因素，为确保宇航局能安全实施火星任务，该委员会强调辐射生物学研究得最优先考虑。

为屏蔽太空辐射对航天员造成危害，宇宙飞船的设计师和任务计划者不得不考虑各种有效的保护材料，如高密度塑料，在减轻重量的同时还能有效应用到太空中去。塑料是一种富含氢元素的物质，而氢元素对宇宙射线具有良好的吸收与散射性能，例如，我们常用来制造垃圾袋的聚乙烯塑料，甚至比金属铝还能多吸收 20% 的宇宙射线，所以聚乙烯成为当前制作辐射防护产品的热门材料。马歇尔航天飞行中心制造的一种超强聚乙烯材料比铝还要硬 10 倍，并且质量也要轻许多，只是造价非常昂贵，如果足够便宜，它将成为新一代宇宙飞船的制造材料，特别是将会用它来"包裹"航天员的生活区域。实际上，国际空间站的航天员休息舱已经在使用这种材料。聚乙烯的另一功能是能够防止微陨星的撞击，为此用聚乙烯制成专门的"砖块"，其制作工艺与制作攻击直升机的防弹装甲板相类似。

如果人在火星上行走，航天服必须具有屏蔽辐射的功能，同时还必须抵挡得住火星沙尘暴的攻击。美国宇航局的研究人员正在研制这种未来太空探索所需的舱外活动航天服，这种航天服约有 21 千克重，由 12 层组成，它的最外层不会与火星沙尘暴中的静电尘埃发生作用。

而航天员自身也要提高免疫力，美国太空辐射实验室的科学家们已经研究证明，使用普通草莓能够帮助航天员在太空长期作业时免遭宇宙射线的辐射，特别是辐射所引起的神经系统的破坏。科学家们在实验室里模拟了太空辐射环境，同时在接受实验小老鼠的食品中每天加入冻草莓，经过一段时间的仔细观察后科学家们发现，食用了冻草莓的小老鼠大脑活动得到了明显的增强。

尽管目前科学家们已经证实草莓具有抵抗辐射的特性，然而他们对草莓为何具有这样的特性却不是十分清楚。科学家们表示，如果有朝一日他们能够揭开草莓所含的这种神奇成分之谜，他们将会立即对其进行人工合成并制成片剂提供给长期从事太空研究的航天员。

如果采用种种防护办法仍不能完全挡住太空辐射的话，还有一种补救措施：用"纳米胶囊"（或称"纳米微粒"）修复受损细胞。科学家正在开发这种胶囊，它能进入人体内的一个个单独的细胞，并将其修复，如果细胞的损害过于严重，就干脆杀死这些细胞。

这种胶囊的长度仅有几百纳米（1 纳米等于十亿分之一米），比细菌小的多，甚至比可见光的波长还要短。用一只皮下注射针头进行的简单注射能把成千乃至上百万的胶囊注入人体血流中。一旦进入血流，纳米微粒能有效地找到被辐射损坏的细胞。它们会进入受损细胞并释放 DNA 修复酶，以修理细胞，使其恢复正常功能。如果辐射造成的损伤很严重，纳米微粒就会使细胞自动破坏 DNA 序列，从而杀死细胞。

用纳米微粒完成生物传感和药物运输工作是一种激进的新方法，要在多年以后才能变得成熟可靠，而一旦成功，它将是一个质的飞跃。

2009年12月22日，俄罗斯科学家披露，俄罗斯与欧洲联合进行的"火星500"计划打算将一只猴子送上天空并前往火星，随行的还有一名照顾、看护这只猴子的机器人。目前，格鲁吉亚实验病理学与治疗研究所正在与俄罗斯宇航学院进行初步磋商，为研究出全程保护航天员免受宇宙射线辐射的适当防护装置，让猴子当"火星航天员"的替身，充当火星探测急先锋。

实际上，早在1983年，俄罗斯就已成功把猴子送上了太空。格鲁吉亚实验病理学与治疗研究所就是提供当年那只太空猴子的机构。如果俄罗斯想实施送猴子上火星的计划，格鲁吉亚实验病理学与治疗研究所将成为一个封闭训练"生物圈"的建造地点，猴子将长期生活在这个生物圈内，模拟太空飞行。如果猴子火星旅行的计划能够得以实施，那么这只经过千挑万选的"幸运"猴将成为第一个登陆火星的灵长类动物。

相关链接
有毒气体

来自法国巴黎的科学家近日却表示，他们的研究表明，火星表面非常寒冷，大气层不仅稀薄，而且含有很多对人类来说有毒的物质。哪怕是对适应能力最强的细菌来说，火星的生存条件都过于严酷。

经过他们的计算，证实火星大气中的甲烷气泡正在迅速破裂，很可能是受到了来自星球表面某种化学物质的影响；照此下去，任何活着的有机物都将被甲烷这种"化学武器"摧毁。如果我们还想移民火星的话，可能只能在地表下生活。

火星上出行工具很少

设想中飞往火星的重型火箭

火星开发时间表

火星是太阳系中唯一一个与地球最像的行星，它曾和地球一样，有液态水和厚厚的大气层，也和地球一样，有自己的自转轴，有明显的四季变化，有北极和南极。与其他行星相比，火星是最有可能存在生命的地方，也最有可能成为人类未来的栖身之所。

2003 年 8 月，在美国召开了"火星移民研究国际会议"，在未来几个世纪中将火星改造成一个绿色星球，使之成为未来人类的第二个家园。

美国宇航局喷气推进实验室 (JPL) 坐落在加州帕萨迪纳市，这里是美国第一颗卫星的诞生地，未来人类也可能在这里迈向飞往火星的第一步。与犹他州火星模拟研究站的"小打小闹"不同，这里的工作人员约有 5000 名，汇集了来自世界各地的太空研究精英。

美国宇航局日前公布了喷气推进实验室提供的载人火星探索战略。早在数年前，美国宇航局就已经提出了"人类登陆火星"的设想，这种设想已经扩张成一个详细的《90天报告》，该报告提出，从地球前往火星的载人飞行可能将耗资 4500 亿美元，需要建

一艘像足球场一样长的核动力太空船，需要在里面装载上足够人类往返火星一年途中所必需的各种生活设备和运行燃料。

按照计划，美宇航局计划使用重量达40万千克的新型飞船，将"尽量少"的机组人员送上火星，这种载人火星探索之旅将长达30个月。在航天员登陆火星之前，货物舱和生活舱将分别于2028年12月和2029年1月送入火星。新型飞船本身将配备所谓的"闭环"生命支持系统，空

由多国合作开发的火星飞船

气和水在这一系统中可以循环利用。机舱内还能培育新鲜植物，这不仅能为机组人员提供食物来源，还有利于航天员们的"心理健康"。航天员必须自力更生，在火星上种水果蔬菜，维持自己的生存。航天员预计将在火星表面停留16个月之久，使用核能为其生活舱提供能量。鉴于重新补给的困难程度，机组人员将很大程度上只能自给自足。

从火星返回

另外，他们必须精于设备保养和维修，甚至于还要具备自制新零件的技能。

美国南卡罗莱纳州查尔斯顿著名的投资智囊团"1248协会"负责人理查德·阿兰·布朗教授称，除了政府投资外，人类登陆火星的经费还可以通过出售"火星债券"的方法来募集。譬如可以由一家保险公司向公众出售200亿美元甚至更多经费的"火星债券"，每份"火星债券"价值2万美元，在100年之内，持有火星债券将不会有任何收益。但是，每份债券的持有者将可以有权获得100平方千米的火星土地所有权等。

而美国前火箭科学家亚历克斯·杜肯则称，发行"火星债券"募钱的方法太慢了，最好是创立火星彩票，中大奖者将可以在人类第一次前往火星的旅途中得到一个免费座位。

在人类飞往火星的途中，不管是采用大型飞船模式，还是采用火星卫星空间站模式，都将耗资巨糜。将维持航天员生命的所有补给和飞船往返的燃料全都带上太空船的做法更显不智。

科学家们设想先发射一颗像土星5号那样的运载火箭，将一个包含着至少7吨液态氢和50千瓦核反应堆的自动化"小型化学工厂"送上火星表面，这个小型工厂能生产水、氧气和作为燃料的甲烷。

当无人太空船6个月后在火星地表着陆后，核反应堆将立即开始发电，

拖家带口去火星

为"小型化学工厂"提供电能，得到电能后，"小型化学工厂"将开始工作，从地球上带来的液态氢将与火星上的二氧化碳产生化学反应，生产出甲烷气体和纯水。甲烷气体被液化处理后，可以作为燃料储存起来。当一部分电流通过纯水之后，又可以产生化学反应收集到足够的氧气。而此时，一架载人太空船可以轻松地从地球发射升空，当180天后航天员到达火星时，他们将会发现"小型化学工厂"已经制造出了足够的氧气和燃料，氧气和水将会成为未来火星人类的主要生命线。

美国宇航局、欧洲空间局和日本宇宙探索局联合提出了一项雄心勃勃的火星开发计划。这项将在今后200年的时间里实现的计划分五个阶段：

（1）开拓期（2015~2030年），宇宙飞船把在地球上预测的水滴状的太空舱平安地送到火星表面。这种太空舱每年可供12～14名航天员居住。第一批火星拓荒者们的任务是种植实验庄稼，分析火星大气、尘暴和太阳辐射，勘探火星地质情况，探索火

火星将变成第二个地球

星的表面，寻找火星过去的生命迹象。

（2）温暖期（2030~2080年），这一时期最大的挑战是让火星逐步地变暖。第一个目标就是把火星的温度从－60℃升到－40℃。这项工作的难度就好比把整个北冰洋融化一样。科学家们认为最可行的办法是建一个小型的核反应堆提供能源动力，然后产生出能导致温室效应的气体，生产出火星臭氧层的替代物，从而使火星表面多一层"保护伞"。

（3）巩固期（2080~2115年），当火星的温度升到－15℃的时候，二氧化碳、氮气和从火星地壳中抽出的水的数量都开始大规模地增加。火星上的大气层继续变厚，天空中开始飘起朵朵白云，液态的水开始汇集在深深的运河里。这时候，一些苔藓类植物开始在火星地表稍微温暖的地带生长。火星上的人们可以脱掉厚重的太空服，换上由呼吸面具和氧气瓶组成的呼吸器。呼吸器上附带的扬声器取代了双边无线电通信器，因为火星上的大气密度已经足以传送声波了。

（4）复苏期（2115~2150年），当火星上的大气层终于稳定下来，平均气温上升到0℃的时候，火星上的生活条件就有了很大的改善。许多小型、自给自足的生物圈型的城市如同雨后春笋般地在火星上发展起来。大量的地球移民开始前往火星。

（5）家园期（2150年之后），在太空中安装巨大的太阳能反射镜，把太阳能聚集到火星特定的表面上，从而火星上的氧化物就成了巨大的矿石，加热到一定程度后会自然分离成铁和氧。数百万棵树被栽到火星地表上，海洋、河流也开始出现，这个红色干燥的星球终于成为又一个绿色的星球，成为人类的"天外家园"。

改天换地的工程

尽管火星与地球有许多相似之处，但真实的火星表面十分荒凉，看来明亮呈橘红色的区域是它的"大陆"，那里到处是黄、红色的沙丘和怪石。火星的环境被认为不适合生命存在：稀薄的大气，没有太阳辐射保护，土壤中没有有机成分，没有液态水，夜间气温达到 −150℃。火星表面日夜温差达 100℃，火星大气压不足地球大气压的 1%。

人类要移民火星，必须改变火星的环境。改造分两步走：第一步是生态系统形成；第二步是地球环境形成。

所谓生态系统形成，就是在不毛之地的火星表面形成一个生物圈。要形成生物圈，火星还须有充足的液态水，到达火星表面的紫外线要大大减少，大气中要逐渐增加氧和氮的含量。对火星环境改造的一个有利条件是上述这些工作是互相影响的，在某种程度上形成一种正反馈。例如当大气的密度和厚度增加时，它既可以减少紫外线辐射，又可以产生温室效应，提高火星表面的温度；当火星表面温度提高时，可以融化北极

火星上的制氧厂

的水冰，甚至融化永冻土中的冰，因而可以部分解决液态水的问题。

火星环境改造工程首先是从提高其表面温度开始。提高火星表面温度的办法有两种：直接加温法和间接加温法。所谓直接加温法就是使用物理学的办法在火星的局部加温，具体方法有太阳反射镜、小行星撞击和在火星上进行核爆炸。间接加温法包括减少火星极冠的反射率，让极冠吸收较多的太阳光，从而达到提高温度的目的。

沙漠中的模拟火星温室

生态系统形成阶段结束后将进入地球环境形成阶段。地球环境形成阶段的最终目标是在火星上形成一个与地球完全相似的生物圈，能够适合人类的居住。

地球环境形成阶段的第一步是在火星的某些条件稍好的地方引进地球上的微生物。首批引进的微生物必须是所谓的光能自养生物。这种光能自养生物的特点是能利用太阳光作为能源，在代谢过程中不需要复杂的有机物。为了保障从地球上引进的生物能在火星上存活，并适应火星上的恶劣环境，必须用转基因技术培育出新的品种。因为目前还没有一种微生物能适应火星环境。

在火星上引进地球的微生物后，可以改变火星大气的成分，特别是增加氮的含量。但是火星环境要适合人类的居住，首先是要有氧，因此在成功地引进微生物后，就应该在火星上种植植物。因为只有植物才能将火星大气中的二氧化碳转变成氧。首批在火星上生长的植物可能也是转基因技术的产物。因为一般植物是不可能在富于二氧化碳和差不多完全缺氧的环境中生长发育。另外，这种植物要么自己授粉，要么由风授粉，不能由昆虫授粉。因为在这种情况下还没有昆虫。

火星上引进了微生物和植物之后，还要引进动物。一旦火星上有了较多的氧气，并且温度和湿度都比较适宜时，要大量种植植物和繁殖动物。不仅数量要多，而且品种也要多，要使火星上的生物跟地球上的一样具有多样性。生物多样性对于保障火星生物圈的稳定极为重要。

只有当人类大量移民到火星以后，火星上的生物圈才能迅速发展成跟地球的一样。

在火星环境改造过程中，当然会有越来越多的人到火星，但主要是临时性地去工作，而不是永久性地去定居。当大量移民在火星上定居时，人类的生产和生活将加速火星环境的改造，从而使火星真正成为人类的第二故乡。

科学家们估计，如果生态系统形成阶段需要一个世纪的时间，部分地球环境形成可能需要几个世纪的时间，而火星上全部地球环境形成，可能需要更长的时间。因此如果实现整个火星的环境改造，使其环境跟现在的地球完全一样，前后大约需要1千年。这确实是一段不短的时间。可是在地球形成的早期，仅从无氧环境通过光合作用变成有氧环境，就花费了10万年。而人类仅用1千年就将火星改造成跟地球一样，相比之下这段时间不算太长。

不管怎么说，用几个世纪甚至一千年的时间来对火星进行改造，不仅速度太慢，而且时间也太长。

模拟火星温室中的菜发芽了

这种猴年马月的事情，即使对火星环境改造最热心的人也会大失所望、灰心丧气。有没有改造速度更快、花费时间更短一些的办法？以下介绍两种火星环境改造的快速方法：

（1）引进纳米机器人。顾名思义，这种机器人的大小为纳米量级。它们用微小的手臂拾起并移动原子，靠超微电脑指导自己的行动。纳米机器人基本分为两种：普通装配工和自我复制工。这些分子大小的机器人可能安装有手指来操作原子，安装有探针来区别不同的原子或分子，并输入程序指挥机器人的行动。

这种纳米机器人不仅能快速自我复制，从一小群变成数万亿，而且它们工作的效率极高，同时还节省能耗。纳米机器人自我复制用的原材料来自火星土壤。每一个纳米机器人重9~10个原子质量单位。如果复制1800万亿个纳米机器人，其重量仅为30克。纳米机器人的复制速度是按指数增长，如果复制10小时，将有680亿亿纳米机器人。不过这样多的纳米机器人仅重120千克。如果复制24小时，重量将达到1吨，然后稳定在这一水平。两年以后就能生产出2000万亿吨的气体，20年后火星表面的大气压力就能达到人类居住所需要的水平。当然，要将火星环境改造成像地球一样的生物圈，还需要300年。

根据工作任务的不同，需要三种纳米机器人：一种是专门处理二氧化碳的；另一种是专门生产氮的；还有一种是专门生产氧的。这些纳米机器人在完成任务以后，按照原定程序会自毁和自行分解。这种机器人分解后的产物又成为将来种植庄稼、蔬菜和果树的肥料。

（2）微型环境改造法。这种微型环境改造法可以形象地称为"蚂蚁啃骨头"的办法，其特点是用大量的微型环境改造取代全球性的环境改造。提出这种方法的人建议，按照环境改造的最小单位，在火星表面建造大量的微型温室。这种微型温室相当于我国农民田里种菜时建的塑料棚，不过它是圆形，直径 14~18 米，由透明的双层纤维塑料制成。塑料棚里面白天温度升高，夜里温度也不会降低太多，棚内大气压力维持在 60~70 毫巴以上。塑料棚里面就是一个小型生态系统，里面不仅有生物，而且还有适合于这种生物生存的环境，特别是里面的植物能进行正常的光合作用。塑料棚不仅能防护棚内小型生态系统的稳定性，而且还与外界火星环境有一定程度的气体交流。通过这种有控制的气体交流，微型温室不断地吸收外面的二氧化碳，同时又能定期释放出氧气和一些有机物质。

微型温室在火星表面就相当于沙漠中的绿洲，绿洲虽然很小，但因为数量极大，因此也能慢慢地、一点一点地改变火星环境。

火星环境改造是一项世纪大工程，甚至于是一项空前绝后的大工程，为这项世纪工程所要投入的人力、物力和财力无法估量，为完成这项工程所需要的时间不是十几年或几十年，而是几百年或上千年。

模拟的火星地球化过程

人类为什么要花费如此高昂的代价来实施这项工程？这确实是需要很好解决和回答的一个大问题。对于这个问题，科学家提出几种不同的理论：

（1）人口输出论：因为地球上的人口越来越多，资源越来越少，环境越来越坏，生活质量越来越下降，因此应该寻找出路，将地球上过多的人口输出到其他星球上，而在太阳系中，最适宜接收地球上过多人口的就是火星。

（2）保留人种论：万一有一天一颗小行星撞击地球，人类就会像6000万年前的恐龙一样，几小时之内就灭绝，在这种情况下，如果人类对火星进行改造，给自己留条后路，赶紧送几批人到火星上去，就可以保留人种，在火星上繁衍生息。

（3）火星还原论：火星表面有大量的水，在几十亿年以前火星还是一颗到处都布满水的行星，火星过去的环境跟地球一样，这种环境完全适合生命的存在。因此人类改造火星的目的就是要恢复火星过去的环境，还原其本来"面目"。

（4）人性论：人类对火星的改造是由人的本性决定的，因为人总是不断进取，不断扩大自己的生存空间，不断改造周围环境，使之适合于自己的需要。

如果说，太空探索是人类历史发展的必然，是人类本性的集中体现。那么，改造火星环境便是理所当然的首选良策。

（本书插图大部分从美国宇航局、欧洲空间局和俄罗斯联邦航天局官网上采撷，特别致谢！）

思考题

1. 火星的一年有（　　）天?

2. 火星有四季变化吗?

3. 人类发射的探测器已有（　　）艘成功登陆火星，并传回图像?

4. 火星表面昼夜温差可达（　　）度?

5. "海盗"号火星探测器发现火星人了吗? 美国成功发射了几艘火星探测器?

6. "火星探路者"采用什么方法在火星着陆? 它上面的火星车叫什么名字?

7. "火星全球勘探者"发现火星曾经有一个（　　），火星（　　）高（　　）低，是个阴阳脸。

8. "火星奥德赛"是根据（　　）的小说《2001：太空漫游》而命名的?

9. 欧洲第一艘火星探测器名叫（　　），它上面携带的登陆车名叫（　　），这台登陆车因为（　　）而失败。

10. 2004 年，美国发射了两台双胞胎火星车，分别叫（　　）和（　　）。它们是由一名（　　）岁小女孩命名的，发现火星曾经有（　　）。2007 年发射的（　　）是第一个在火星北极地区着陆的探测器。

11. "火星勘测轨道器"拍摄的立体图像分辨率可达（　　）米。

12. 火星科学实验室也是一台火星车，它被命名为（　　）号。

13. 中国第一艘火星探测器名叫（　　），参与"火星 500"模拟训练的中国人是（　　）。

14. 火星上曾经有水的证据已找到很多，请列举 3 条。

15. 贯穿火星探测历史的终极目标是找水和找生命，你能为科学家设计一种独特的方法，以验证火星生命的演变吗? 如果请你为火星上设计房屋，你将会采用哪一种材料，请说明理由。